EL ORDEN IMPROBABLE

Entropía: la historia de un universo inquieto

SERGIO DE RÉGULES

El orden improbable. Entropía: la historia de un universo inquieto
© de esta edición, Shackleton Books, S. L., 2026
© del texto, Sergio de Régules, 2026

Shackleton
— b o o k s —

ⓕ ⓨ ⓞ @Shackletonbooks
shackletonbooks.com

© Imagen de la cubierta: Shutterstock
© Fotografías: p. 36 (d. p./George A. Bockler); p. 39 (d. p.).

Realización editorial: Bonalletra Alcompas, S. L.
Diseño de cubierta: Ana Montero
Maquetación: reverté-aguilar

ISBN: 978-84-1361-631-5
Depósito legal: B 6832-2026
Impreso por Elcograf (Italia)

*La entropía era un concepto inquietante y hermoso
que estaba en el meollo de muchas tribulaciones y penas humanas. Todo
decaía, especialmente la vida. El orden era como
una roca que hay que empujar cuesta arriba.
La cocina no se iba a ordenar por sí sola.*
Ian McEwan, *Lessons*

*Charlie Brown: ¿No te entristece ver las hojas caer?
Lucy: Para nada. Si quieren caer, que caigan, digo yo.
Es más, ver hojas caer es buena señal.
Malo es cuando las ves subir y volver a pegarse a los árboles.*
Charles M. Schulz, *Win a Few, Lose a Few, Charlie Brown*

Contenido

Prólogo

El peor vendedor de universos

Tenga, aquí está su nuevo universo modelo Lambda-CDM. Estamos seguros de que lo va a disfrutar mucho. Un universo es una cosa muy versátil. Solo échelo a andar y déjelo en paz. Su universo viene con una cantidad fija de energía (no es recargable). Cuando lo encienda, la energía empezará a transformarse de maneras delirantes entre sus muchas manifestaciones, al tiempo que suceden acontecimientos... o acontecen sucesos... en fin: a la vez que pasan cosas muy interesantes hasta el final de los tiempos.

Ah, sí: lamentablemente, hay un final de los tiempos. Este modelo no dura para siempre. No es que se le acabe la energía. La cantidad es constante: lo que se pierde en energía cinética o eléctrica por aquí se gana en energía potencial o térmica por allí, en un balance exacto, sin pérdidas ni fugas al universo del vecino. Lo malo es que la energía se va degradando, digamos; como que se vicia y va perdiendo vigor para hacer cosas divertidas. Es una lástima, pero este modelo produce entropía.

Lo pusimos en las instrucciones de uso, aunque en letras pequeñitas. El modelo Lambda-CDM funciona hasta que la entropía llega al máximo. Después hay que comprarse otro universo, quizá de un tipo que no genere entropía. Lo estamos poniendo a punto, pero faltan algunos detalles: aún no sabemos cómo lograr que la energía se transforme de maneras interesantes sin acumular entropía. Es como el barro en un río... ¿no sabe qué es eso? Ya verá lo que es cuando su universo haga ríos. Y barro. Por cierto, su universo se podría dragar, pero saldría más caro que comprarse uno nuevo. Con suerte, para cuando el suyo se ahogue en entropía ya tendremos listo un modelo anentrópico. Tenemos un catálogo de fenómenos que no producen entropía. Los llamamos procesos reversibles, si bien son aburridos y, sobre todo, escasos.

Una confesión: sí tenemos un prototipo anentrópico, pero tuvimos que construirlo con la misma temperatura por todas partes. Es isotérmico —perdone, es la palabreja técnica de la fábrica—. Y como hay la misma temperatura en todas partes, pues la energía no fluye y no pasa nada... es decir, que no *acontece* nada... que es aburridísimo, vaya. En el universo isotérmico, por no pasar, no pasa ni el tiempo, imagínese.

No quiero aburrirle con nuestros problemas técnicos, pero ya que estamos en plan terapia, no resisto la tentación. Si queremos que el universo haga cosas interesantes, necesitamos empezar con diferencias de temperatura, aunque sean pequeñitas, para que la energía pueda ir de un lado a otro transformándose y haciendo aparecer galaxias, estrellas, planetas, la vida, la vida inteligente, las redes sociales, la crisis del capitalismo y esa pelusita que se acumula en los bolsillos de los pantalones si uno se descuida; pero las transformaciones tienen que ser irreversibles de manera que no les quede más remedio que seguir para adelante. Y se acumula entropía. Es una pena.

Hace poco, en una reunión de trabajo, un jovenzuelo imberbe del departamento de Innovación propuso un modelo de universo en el que todo es reversible para que no aumente la entropía: lo que baja sube hasta el mismo nivel, no hay fricción, la energía solo va y viene en círculos sin que haya un cambio real. Le hemos permitido construir un prototipo, pero era un universo insulso, frío, sin calor de hogar. Resultaba hipnótico ver todo ese vaivén, ese ir y venir «sin rumbo ni fe» (perdone, me gustan las canciones rancheras... ya verá qué cosa son cuando aparezcan en su universo), pero al final del día era igual de aburrido que el universo isotérmico.

No se preocupe, anímese. Se lleva usted un universo con fecha de caducidad, pero muy rendidor. Y tampoco es que se le vaya a atiborrar de entropía mañana. Tiene usted universo para rato. Incluso es posible que se le averíe antes por alguna otra causa. Hemos tenido quejas (no debería decírselo): que si el universo se expandió hasta desgarrarse en solo 40 000 millones de años como si se le hubiese hecho una carrera en la media... que si se hinchó de golpe y luego se contrajo hasta desaparecer sin dar tiempo a que se formara ni una mísera galaxia... Sobre el kit para armar que también vendemos, nos han reclamado que al encenderlo le salen dimensiones por todas partes que luego se enrollan en tubitos microscópicos con un chisporroteo que deja todo oliendo a chamusquina. O que cuando ya lo tenían ensamblado se dieron cuenta de que les sobraba una dimensión espacial y montones de antimateria (y eso que las instrucciones no son tan complicadas).

Pero usted se lleva el modelo ensamblado de fábrica. Y sí, su universo genera entropía, pero en compensación tiene una dimensión de tiempo que transcurre como Dios manda en lugar de quedarse parada hecha una tonta, así como una multitud apabullante de fenómenos que no dejarán de sorprenderle con cambios caleidoscópicos y constantes. Pura diversión.

Eso sí: con el plan de pagos a 40 000 millones de años sin intereses no hay devolución.

Introducción

La vida irreversible

Lo malo de ser científico es que uno lleva dentro un aparato detector de patrañas que funciona como una especie de supresor de picos del entusiasmo. Mientras todos los demás se extasían con vídeos de búhos que vuelan con sus crías a cuestas o de una luna gigantesca emergiendo del horizonte en dos segundos, supuestamente «en la Antártida», los científicos nos quedamos fríos porque entendemos el engaño. Es terrible.

El detector se me activa también en el cine. Nadie ha dicho que el cine tenga que ceñirse a la realidad, claro está, y yo no soy de los que fruncen la nariz si la película va de seres de fantasía, como vampiros o superhéroes, ni de imposibilidades físicas, como los viajes en el tiempo. Si el cine se redujera a lo estrictamente documental, sería gris y aburrido. Sin embargo, cuando la acción de una película transcurre en una estación espacial que se encuentra en órbita alrededor de la Tierra, uno esperaría cierta correspondencia con la parte de la realidad que tiene que ver con la física orbital, especialmente si la película se titula *Gravity*.

Cuando fui a ver *Gravity*, todo marchó bien hasta que llegó esa escena en la que George Clooney y Sandra Bullock están aferrados a extremos opuestos de una cuerda en el exterior de la Estación Espacial Internacional tras un percance escalofriante. Al fondo se ve el negro aterciopelado del espacio y la Tierra, sobre la que flotan los astronautas y la estación. Sandra batalla con la cuerda. Algo está tirando de George mientras Sandra trata de retenerlo, como si fueran parte de una cordada de alpinistas y, de un traspié, George hubiese quedado colgado sobre un precipicio. Muy dramático todo.

Mientras el resto del público contenía el aliento, mi pequeño aguafiestas interior me decía: «¿Quién demonios está tirando de George?». «Pues la gravedad, quién va a ser», me dirá una lectora impaciente.

Sí, pero eso no puede ser. La gravedad de la Tierra ya se toma en cuenta en el hecho de que Sandra, George y la estación espacial se encuentren girando alrededor del planeta y no en trayectorias rectas con destino final en el infinito. La curvatura de sus trayectorias es precisamente el efecto de la gravedad. No hay otro. ¿Qué puede estar tirando únicamente de George y no de Sandra? Si la estación espacial estuviese girando sobre sí misma —y los personajes con ella— podríamos atribuir la tensión de la cuerda a la fuerza centrífuga, pero no: la Tierra aparece inmóvil en el mismo sitio en toda la escena, *ergo* la estación no está girando. Mi físico interno me decía que Sandra debería poder recuperar a su compañero de un simple tironcito.

Algo andaba mal con esa escena. Suprimirla sería imposible porque es fundamental para la trama: sin ella el director no puede desembarazarse de George para dejar a Sandra sola en el espacio. Es un momento muy fuerte desde el punto de vista dramático. Sin embargo, mientras Sandra luchaba por retener a George, yo no podía sacarme de la mente la idea de que no había ningún mecanismo físico imaginable que pudiera estar causando la tensión de esa cuerda. «Licencia narrativa», me decía a mí mismo, pero no hubo manera: la física me arruinó la película. Reconozco que el único que salió perdiendo fui yo.

Algo parecido me ocurrió unos años después, cuando circuló en Facebook el vídeo de un gimnasta que hacía piruetas espectaculares: giraba horizontalmente apoyado en un solo brazo y de un impulso se ponía en pie sin dificultad; saltaba y daba volteretas como una marioneta poseída por mil demonios. Muy impresionante. Los comentarios eran todos de admiración. Qué atleta. Qué fuerza. Qué precisión. Se veían los años de entrenamiento, la disciplina estoica, la fuerza de voluntad que tales habilidades exigían. ¡Qué ejemplo para la juventud de hoy, tan pusilánime!, sentenciaba algún carcamal.

Lo que es a mí, si me muestran proezas sobrehumanas, de inmediato se me activa el aguafiestas interior y lo miro todo con recelo. Ya hubiera querido mi *yo* social compartir el asombro con mis congéneres y participar en la oleada de alabanzas, pero esa otra parte de mí repetía: ¡patrañas!

Como aún no existían los engaños visuales generados por inteligencia artificial, solo había una posibilidad: vídeo trucado. Y el truco era el más simple de todos: pasar el vídeo al revés. Los aparentes saltos de 3 metros desde el suelo eran en realidad *caídas* desde 3 metros de altura. Las prodigiosas volteretas que aumentaban de velocidad eran lo contrario: giros que el rozamiento frenaba poco a poco. El vídeo tenía ese *je-ne-sais-quoi* de las películas pasadas en reversa: esa sensación de absurdo que puede ser vaga en ciertas circunstancias, pero que se hace evidente si la película incluye sucesos inconfundiblemente irreversibles. La caída de las Torres Gemelas, invertida, no engañaría a nadie; tampoco un revoltillo de huevo que se *desrevuelve* o un vaso de agua entintada que se *desentinta* al tiempo que en su interior se reconstituye una nube de color, que luego salta a un cuentagotas. El vídeo del gimnasta conseguía engañar a incautos porque los fenómenos mostrados están en el umbral de lo evidentemente irreversible. El absurdo solo se manifestaba al mirar con cuidado y ojo de físico.

Muy ufano conmigo mismo por haber desenmascarado el engaño, me mofé de los crédulos que habían picado, como es habitual en las redes sociales. Ahí podrían haber parado las reflexiones de mi físico aguafiestas interno. Pero no, porque resulta que hay otro problema.

Un problema filosófico.

Hay fenómenos que no causarían extrañeza si los viésemos en reversa. Las oscilaciones de un objeto colgado de una cuerda (a condición de no observarlas durante mucho tiempo), las órbitas de los planetas alrededor del Sol, lanzar al aire una pelota y atraparla cuando cae son fenómenos capicúas: funcionan igual hacia delante que hacia atrás. En cambio, las evoluciones del gimnasta y la caída de las Torres Gemelas tienen una dirección preferente o, más bien, exclusiva: no hay manera de confundir el antes con el después. He aquí el problema filosófico: las ecuaciones de la física que rigen estos fenómenos (las leyes del movimiento) son totalmente indiferentes a la dirección del tiempo. Les da igual si pasamos la película al revés. A la naturaleza, empero, no parece que le dé igual.

A los físicos nos gusta pensar que nuestras ecuaciones expresan algo fundamental sobre la naturaleza. Quizá es una ilusión, pero atesoramos esta idea, que exige que las ecuaciones sean consistentes con lo que observamos en el mundo real. El gimnasta irreversible, las Torres Gemelas o el revoltillo de huevo sugieren que a nuestra descripción del movimiento le falta algo fundamental, puesto que no refleja esa asimetría del tiempo, tan evidente para nuestra percepción.

En nuestra mente, en efecto, el pasado y el futuro se distinguen persistentemente, digan lo que digan las leyes del movimiento. Nadie recuerda el futuro. El tiempo se ofrece a nuestro ánimo como un camino con una parte recorrida y otra por recorrer. La asimetría se refleja también en nuestras emociones y preocupaciones. La esperanza es una incertidumbre del futuro que nos da aliento (como no sabemos qué va a pasar, podría pasar algo bueno); la angustia es incertidumbre del futuro inmediato que nos da miedo (como no sabemos qué va a pasar, podría pasar algo malo); la nostalgia es la certeza de que el pasado fue mejor; el arrepentimiento, la aflicción por lo que ya ocurrió. Las agencias funerarias ganan dinero apostando por el futuro.

La vida misma es irreversible, no hablemos ya de la física.

Así que ¿por qué nuestras ecuaciones no lo son? ¿Qué les falta a las leyes del movimiento para explicar este hecho, tan inapelable como la muerte y los impuestos?

Hoy sabemos que, en su momento, les faltaban tres ingredientes: entropía, azar y grandes números, pero no fue fácil darse cuenta. A mediados del siglo xix el azar y sus matemáticas no se asociaban con la física, sino con los juegos de dados y naipes que atraían a tahúres y embaucadores. Las veleidades de la casualidad, la chiripa y las rachas de buena suerte que zarandean la vida del ludópata cual hoja en el vendaval eran lo contrario a las leyes de la física, sólidas y eternas, un monumento a la certidumbre. Las leyes de la física eran la verdad, y en la verdad no cabía el azar.

El físico confrontado a un fenómeno natural —un planeta que orbita el Sol, una máquina de vapor que extrae agua de una mina, una corriente eléctrica que hace enloquecer una brújula cercana— identificaba variables susceptibles de cuantificarse y buscaba relaciones matemáticas entre ellas. Una vez establecidas esas relaciones, las usaba para explicar lo que veía en la naturaleza y anticipar (predecir) lo que no había visto. Las relaciones matemáticas consagradas se cumplían de forma consistente —por eso las llamamos *leyes* de la física y no *sugerencias* de la física—. Era inimaginable enunciar principios físicos dubitativos: «A toda acción podría corresponder una re-acción igual y en sentido opuesto, pero depende», o «Una corriente eléctrica genera un campo magnético, pero solo si está de buen humor». Si la ley de la gravitación univer-sal se cumpliese unos días sí y otros no, hace mucho que los planetas se habrían dispersado por la galaxia... que ni siquiera existiría.

No, las leyes de la física se cumplían siempre y no deja-ban espacio al capricho ni la veleidad.

Así estaban las cosas cuando el azar irrumpió en la físi-ca de la mano de la entropía como una ráfaga de aire fresco en un mausoleo.

Capítulo 1

Hoyo en uno

Los historiadores de la ciencia detestan esas historias de genios y elegidos de los dioses que ven más lejos que el común de los mortales. El «genio» científico que protagoniza estas historias siempre llega a un momento crucial: el instante en que se decidió su destino o se consolidó su inmortalidad. Galileo y su «Y, sin embargo, se mueve», Newton y su manzana. A veces se dice de una buena historia (y siempre en italiano): *se non è vero, è ben trovato*. De las anécdotas ligadas a los grandes personajes de la historia de la ciencia cabría decir: «Es demasiado *ben trovato* para ser *vero*».

Igual que Galileo y Newton, James Watt, ingeniero e inventor escocés nacido en 1736, inspiró uno de esos mitos aptos para manuales de desarrollo personal y charlas motivacionales dirigidas a jóvenes empresarios. La variante más insoportablemente cursi del mito de Watt cuenta que, una fría tarde de otoño, mientras su madre tejía en la mecedora, el pequeño James entró en la cocina donde bullía una tetera. Al niño le impresionó ver la tapa saltar y zarandearse con la fuerza del vapor. Cuando el avispado James presionó la tapa para obstruir la salida, el vapor escapó por la boca de la tetera. «Madre», dijo el preclaro infante, «he descubierto la potencia motriz del vapor».

O algo así.

No tiene importancia, porque estas cosas nunca son verdad. Empecemos por el asunto de «descubrir la potencia motriz del vapor»: ya estaba archidescubierta, y ya la usaban las máquinas de vapor a vacío que, desde las primeras décadas del siglo XVIII, extraían agua de las minas anegadas para rehabilitarlas y suministraban fluido a raudales a los canales de navegación interna que se usaban en Inglaterra para transportar gente y mercancías. Si hoy reconocemos a James Watt como un personaje importante en la historia de la máquina de vapor no es por haberla inventado, sino por... ya lo verán.

Cuando en el siglo XXI nos imaginamos una compañía constructora de máquinas pensamos en la fabricación en serie de ejemplares idénticos basados en un cuidadoso diseño previo y armados con piezas intercambiables, pero todos esos conceptos de fabricación son posteriores al siglo XVIII. Una máquina de vapor era una obra única, ensamblada con piezas que se fabricaban y ajustaban a mano. Para mantenerla operativa hacía falta un ingeniero dedicado a ajustarla, solucionar problemas y manufacturar las piezas de recambio. Tal era el caso de un modelo de demostración a escala que pertenecía a la Universidad de Glasgow. El aparato nunca había funcionado bien y, en 1763, las autoridades solicitaron la ayuda del joven James Watt, que ocupaba el puesto de fabricante de instrumentos matemáticos en la universidad.

Watt acometió la labor ya con cierta experiencia en lo tocante a la fuerza del vapor, mas no porque de niño se hubiera extasiado contemplando una tetera, sino porque él y su amigo, el físico John Robison, habían acariciado en 1759 el proyecto de usar la máquina de vapor para impulsar un carruaje con ruedas. La idea de un coche a vapor no pasó de la etapa de planificación y, cuando su amigo partió al extranjero, Watt se puso a hacer experimentos con un aparato llamado digestor a vapor, o marmita de Papin (una olla a presión, vaya), y una jeringa metálica de 8 milímetros de diámetro.

Watt conectó la jeringa con la olla por medio de una válvula. «Al abrir el paso entre el digestor y la jeringa», escribió Watt, «el vapor entró en esta y, por su acción sobre el émbolo, levantó un peso considerable (15 libras). Cuando el peso alcanzó una altura suficiente, se cerró el paso al digestor y se abrió a la atmósfera; el vapor escapó y el peso descendió».[1] En la máquina de vapor más socorrida en tiempos de Watt (la de Thomas Newcomen), el émbolo se movía por succión, al condensarse el vapor en el cilindro dejando un vacío repentino. Una modificación wattiana fundamental será usar el vapor para *impulsar* el émbolo, innovación que permitirá a la máquina operar a

---

[1] Citado en Muirhead, 1858, p. 75.

presiones y temperaturas mayores y así extraer más provecho mecánico.

Así pues, Watt no llegó con la mente en blanco a ocuparse de inspeccionar la máquina a escala de la universidad
de Glasgow. Más tarde escribió:

> Emprendí la reparación como simple mecánico, y cuando com-
> pleté el trabajo y la puse en marcha, me sorprendió descubrir
> que la caldera no producía suficiente vapor pese a ser de buen
> tamaño.[2]

Era un problema de escala: cuando se hace un modelo
a escala de una máquina conservando las proporciones del
original, no funciona igual (como descubrí de niño cuando quise hacer un avioncito de papel con un pliego de car-
tulina de 70 cm × 1 m). Un ratón no es un elefante a escala.
Las patas del elefante son mucho más gruesas en proporción al bicho que las de un ratón porque al aumentar las
dimensiones del animal su peso aumenta mucho más que
su capacidad de soportarlo. En el caso que ocupaba a Watt,
el cilindro del modelo a escala se enfriaba más fácilmente
que un cilindro de tamaño normal por ser más pequeño y
el vapor se condensaba demasiado rápido en su interior.

La solución para mantener caliente el cilindro del émbolo le vino a la mente en 1765. Consistía en condensar el
vapor en un cilindro frío separado del cilindro principal:
un «condensador». Este aditamento exigía una cascada de

---

[2] *Ibidem.*

cambios y adaptaciones en el resto de la máquina. Watt construyó un modelo, midió cuidadosamente el consumo de vapor y el peso máximo que podía levantar, y así «el invento quedó completo en lo tocante a ahorro de vapor y combustible». Para eliminar toda duda, construyó un modelo más grande, y aun en esta etapa ideó modificaciones. Finalmente, «en 1768 solicité la patente de mis "Métodos para reducir el consumo de vapor y, por lo tanto, de combustible, en una máquina a fuego", y la obtuve en enero de 1769».[3]

Muchos años después, cuando su amigo John Hart le preguntó si recordaba las circunstancias de su descubrimiento, Watt contestó:

Sí, perfectamente. Un domingo por la tarde salí a dar un paseo por el Parque de Glasgow, y a la mitad del camino entre Herd's House y Arn's Well, como viniese yo cavilando sobre mis experimentos para ahorrar vapor en el cilindro [...], pensé que el vapor, siendo un gas elástico, se expandiría para ocupar un espacio en el que previamente se hubiese hecho el vacío.

Y hablando de mitos, esta historia es la fuente de otra: que Watt tuvo su gran idea como una revelación mientras jugaba al golf,[4] como si bastase olvidarse de un problema para resolverlo sin pensar. Watt deja claro que, al contrario,

---

[3] *Ibidem,* p. 82.

[4] La anécdota se cuenta en: https://www.youtube.com/watch?v=UVBq27 luj8A.

iba absorto en sus pensamientos cuando dio con la solución. De golf, ni una palabra.

Watt, como sus antecesores, comercializó su máquina con dinero de un socio capitalista, Matthew Boulton. Comprar una máquina de Boulton & Watt implicaba un gasto considerable: las primeras eran unos monstruos de 8 metros de altura con cilindros de 1,3 metros de diámetro que requerían un edificio para albergarlas. Pero la compañía ofrecía un plan de pagos en el que el comprador pagaba anualmente una suma equivalente a un tercio de lo economizado en carbón respecto al consumo de una máquina de Newcomen (el modelo que Watt modificó) empleada en la misma tarea.

La compañía siguió innovando y vendiendo máquinas para usos cada vez más diversos hasta bien entrado el siglo XIX, por lo que no es de extrañar que hoy queden algunas máquinas de Watt en funcionamiento. La mayoría se encuentran en museos, pero hay dos en la Estación de Bombeo de Crofton, en Wiltshire, Inglaterra, que desde 1812 suministra agua para el canal Kennet y Avon (un canal de navegación interna, hoy dedicado principalmente al ocio y el turismo). La estación opera desde hace mucho tiempo con bombas eléctricas; las de vapor solo se ponen en marcha en días selectos para hacer demostraciones públicas con fines educativos.

En 2009, las bombas eléctricas fallaron y las autoridades encargadas de la operación del canal mandaron encender las calderas. La vieja chimenea de Crofton empezó a humear y la máquina Boulton & Watt se puso en movimiento, suministrando una tonelada de agua por golpe de émbolo, como hace doscientos años.

El Parque de Glasgow guarda un recuerdo de Watt. Es una roca con una inscripción grabada que dice:

> Cerca de este lugar, en 1765, James Watt concibió la idea del condensador separado para la máquina de vapor patentada en 1769.

Lo que *no* dice la roca es que Watt concibió el condensador luego de leer al divulgador Théophilus Desaguliers, intercambiar ideas con el químico Joseph Black y experimentar sobre una máquina de Newcomen basada en la de Thomas Savery, basada, a su vez, en experimentos sobre el vacío realizados por Otto von Guericke, quien tomó ideas de Evangelista Torricelli, Blaise Pascal y Galileo.

Se podrá crear el vacío, pero nadie crea *en* el vacío.

Reflexiones sobre la potencia motriz del fuego

La Revolución Industrial propiciada por la máquina de vapor fue un periodo de intensa industrialización en Inglaterra. Dice John F. Sandfort en su excelente libro *Heat Engines*: «La población aumentó rápidamente. Gran Bretaña creó su gran imperio colonial y se convirtió en la reina de los mares»,[5] en buena medida gracias al tsunami de energía que suministraba la máquina vapor.

[5] Véase Sandfort, 1962, p. 15.

El joven ingeniero militar Sadi Carnot, graduado de la Escuela Politécnica de Francia, una de las primeras escuelas de ingeniería que brotaron como champiñones en Europa a principios del siglo xix, estaba celoso de la superioridad industrial y militar británica. A los dieciocho años había participado en la defensa de París contra los ejércitos de Rusia, Prusia y Austria, que, hartos de Napoleón y su imperio, habían decidido acabar con ambos. París cayó, Napoleón abdicó y se fue al exilio, y el joven y patriótico Sadi se quedó con el ánimo hecho trizas.

Su padre, Lazare, había sido general de Napoleón, lo que lo obligó a exiliarse también tras la caída del emperador y la restauración de la monarquía, que no veía con buenos ojos lo que quedaba del ejército imperial. También había sido físico. Sadi tenía 23 años cuando fue a ver a su padre, que vivía en Magdeburgo, y hablaron de las máquinas de vapor, como le pasa a cualquiera. Francia iba rezagada en materia de tecnología y Sadi se propuso remediarlo.

Ninguna máquina de vapor, por británica y avanzada que fuese, convertía la «potencia motriz del fuego» en trabajo útil con demasiada eficiencia (no aprovechaban más del 5 % de la energía que consumían, diríamos hoy). Entre bocanadas de vapor y gran ajetreo mecánico de ruedas, émbolos y válvulas, la máquina despedía cantidades descomunales de calor desaprovechado, calor que, dicho sea de paso, nadie sabía bien qué era. «Calor» era un nombre que se le daba a la virtud transformadora del fuego, y se la concebía como una especie de sustancia que los cuerpos calientes contienen en gran cantidad y pueden comunicarles a los fríos. El «calórico», como se llamaba a esta sustancia, penetraba en los objetos y los hacía expandirse, y se podía extraer de un cuerpo por rozamiento.

La teoría del calórico explicaba razonablemente bien la combustión y el calentamiento de los cuerpos por contacto o por fricción, pero no tenía nada que decir, por ejemplo, sobre la causa de que un gas que se comprime se caliente *sin* rozamiento ni contacto con un cuerpo a temperatura más alta.

Que el supuesto calórico fuese una sustancia material —cuantificable, contenible y trasvasable— ya lo había puesto en duda un personaje muy colorido llamado Benjamin Thompson, un británico de las colonias americanas que participó en el bando equivocado en la pugna por la independencia de esas colonias, luego se fue a Londres y posteriormente a Baviera, donde acabó convertido en el conde Rumford del Sacro Imperio Romano por sus servicios de reorganización del ejército cuando fue ministro de Guerra de esa nación.

Un día, en 1798, mientras supervisaba los trabajos de perforación de cañones en el arsenal de Múnich, observó con sorpresa

el muy considerable grado de calor que adquiere en poco tiempo un cañón de bronce al perforarse; y el calor aún más intenso (mucho mayor que el agua hirviente, como descubrí experimentalmente) de las limaduras que la barrena desprende del metal. Cuanto más reflexionaba sobre estos fenómenos, más me parecía que justificaban inspeccionar más profundamente la naturaleza oculta del calor; y que nos permitían aventurar conjeturas razonables en lo tocante a la existencia, o no, de un fluido ígneo.[6]

Rumford observó que las barrenas se calentaban sin cesar en tanto estuviesen en movimiento. Metió en agua un tubo de cañón sin perforar, lo atacó con una barrena roma movida por cuatro caballos y midió cuánto tardaba el agua en llegar al punto de ebullición. Era como si la reserva de calórico contenida en el metal fuese infinita. Rumford trató de medir el peso del calórico comparando el peso de una masa de agua antes y después de congelarse (debería pesar menos congelada pues para congelarse tendría que liberar calórico). Pero nada, de modo que:

> Casi no hace falta añadir que nada que un cuerpo aislado [...] sea capaz de suministrar sin límite puede ser una sustancia material: y me parece en extremo difícil [...] concebir con claridad otro agente susceptible de activarse o comunicarse como se activó y comunicó el calor en estos experimentos que no sea el movimiento.[7]

El movimiento de la barrena contra el metal *generaba* calor, no lo extraía —¿o quizá el movimiento se transformaba en calor? —, pero Rumford no detallaba cómo. No había conseguido refutar con sus experimentos la teoría

---

[6] Citado en *ibidem*, p. xviii.

[7] *Ibidem,* p. xix.

del calórico, de modo que cuando Sadi Carnot se interesó en el desempeño de las máquinas térmicas veintiséis años después, lo más natural seguía siendo considerar los cambios de temperatura como resultado de flujos de una sustancia material contenida en todas las cosas.

«El estudio de las máquinas es del más alto interés», escribió Carnot en sus *Reflexiones sobre la potencia motriz del fuego*, que publicó en 1824 con solo 28 años de edad, «su importancia es inmensa, su empleo aumenta cada día; parecería que están destinadas a producir una gran revolución en el mundo civilizado».[8] ¡Brillante deducción, Holmes!

> La máquina de fuego ya explota nuestras minas, impulsa nuestros navíos, excava nuestros puertos y nuestros ríos, forja el hierro, moldea maderas, muele granos, hila y urde nuestras telas, transporta los más pesados bultos, etcétera; parece llamada a servir un día de motor universal y obtener la preferencia por sobre la fuerza de las bestias, las caídas de agua y las corrientes de aire.[9]

Tras extasiarse con las ventajas de la máquina de vapor y reconocer la importancia de las contribuciones «de Inglaterra» en materia de diseño de máquinas, Carnot lamentaba que pocas personas se hubiesen preocupado de construir una teoría física para mejorar su eficiencia. Pensando más como físico que como ingeniero, imaginó

[8] Véase Carnot, 1824, p. 394.
[9] *Ibidem*.

una máquina térmica general, una abstracción física a partir de la cual empezó a construir (sin saberlo) el área de la física que hoy conocemos como termodinámica. Observó que toda máquina térmica operaba sometiendo alguna sustancia (gaseosa o no) a ciclos de comprensiones y expansiones, calentamientos y enfriamientos. El combustible podía ser cualquier cosa, solo tenía que suministrar calórico.

El calor suministrado por la caldera fluía a través de la máquina, esta generaba trabajo aprovechable, y luego el calor escapaba al condensador. El efecto global de este proceso era que el calórico pasaba de un cuerpo caliente (la caldera) a uno más frío (el condensador). Esto «restituye el equilibrio en el calórico». Carnot estaba pensando en una analogía hidráulica: el calórico «desciende» del cuerpo caliente al frío por una pendiente de temperatura, de la misma forma que el agua de una cascada desciende de un sitio elevado a uno más bajo y a su paso impulsa la rueda de un molino. «La producción de potencia motriz en las máquinas de vapor se debe, por tanto, no a un consumo real del calórico, *sino a su traslado de un cuerpo caliente a uno frío*».[10] En la máquina imaginada por Carnot el calórico solo va de paso. Transita por el sistema y luego se va tan campante y sin merma como el agua que mueve el molino. Hoy sabemos que no es así: el calor se transforma parcialmente en trabajo y lo que sobra se desecha. Es sorprendente hasta dónde pudo llegar Carnot a partir de una suposición

---

[10] *Ibidem,* p. 398 (cursivas en el original).

errónea (y no es el único caso en la historia de la ciencia, pero esa es otra historia).

Lo importante es que para obtener trabajo de una máquina térmica no basta procurarse una fuente de calor: es indispensable también una diferencia de temperatura. «Ahí donde haya una diferencia de temperatura, puede haber producción de potencia motriz», escribe Carnot. «Recíprocamente, donde haya potencia motriz para consumir es posible crear una diferencia de temperatura, es decir, ocasionar una ruptura de equilibrio en el calórico».[11] En resumen, si la máquina térmica genera movimiento dejando fluir calórico de lo caliente a lo frío, una máquina inversa emplearía movimiento para trasladar calórico de lo frío a lo caliente (y hoy se llamaría nevera o refrigerador). Un sistema de aire acondicionado es una máquina térmica al revés de la misma manera que un altoparlante es un micrófono invertido.

Carnot demostró que ni la máquina térmica más eficiente posible puede transformar en trabajo todo el calor que consume. Siempre se desecha una parte, una especie de impuesto que la naturaleza cobra cuando convertimos calor en trabajo. Lo contrario —transformar trabajo en calor— se puede hacer gratis y sin obstáculos: solo aplique los frenos en el coche y sienta el trabajo que hace la fricción a medida que el vehículo se detiene. Pero no toque luego los discos de los frenos: están muy calientes por haber absorbido toda la energía cinética del coche en forma

---

[11] *Ibidem,* p. 401.

de calor (términos modernos que no hubiese empleado Carnot).

Si una máquina térmica consume calor y genera trabajo y un refrigerador consume trabajo y desecha calor, uno podría creerse muy ingenioso y enchufar en serie una máquina térmica y su inverso, el refrigerador, de manera que el trabajo de la máquina haga andar el refrigerador y el calor que despide el refrigerador haga andar la máquina. Obtendríamos así una quimera: un mecanismo de movimiento perpetuo como los que trataron de construir muchos inventores durante los siglos XVII y XVIII Como veremos, perdían su tiempo —e hicieron perder fortunas a quienes les creyeron—.

Sabiendo esto, Sadi Carnot dio por sentado que, por alguna razón, la naturaleza aborrece el movimiento perpetuo y usó este hecho para demostrar que una quimera mecánica como la que acabo de describir no funcionaría... o más bien que funcionaría solo si la máquina térmica y el refrigerador fuesen estrictamente reversibles. ¿Qué quería decir que fuesen reversibles? Que el trabajo que produce la máquina fuese igual al que consume el refrigerador y el calor que despide este fuese igual al que consume la máquina. Cualquier excedente en el ciclo directo o en el inverso conduciría a una máquina de movimiento perpetuo. «Tal creación es contraria a [...] las leyes de la Mecánica y de la sana Física», decía Carnot,[12] y explicaba por qué:

[12] *Ibidem*, p. 404.

[El movimiento perpetuo no es] tan solo un movimiento que se puede prolongar indefinidamente tras un primer impulso, sino también la acción de un aparato [...] capaz de crear potencia motriz en cantidad ilimitada, capaz de sacar del reposo uno tras otro a todos los cuerpos de la naturaleza, [...] de destruir en ellos el principio de la inercia, capaz, pues, de extraer de sí mismo las fuerzas necesarias para mover el universo entero, para prolongar, para acelerar incesantemente su movimiento. Así sería la verdadera creación de potencia motriz. Si fuera posible, sería inútil buscar tal potencia motriz en las corrientes de agua y de aire y en los combustibles; tendríamos a nuestra disposición una fuente inagotable de la que podríamos extraerla a voluntad.[13]

O sea, en términos contemporáneos: ¡energía gratis! Eso sí que resolvería los problemas del mundo, tanto en tiempos de Carnot como hoy. Olvídense de pagar el carbón para la máquina de vapor, o la factura de la luz y la gasolina del coche. Adiós a la ventaja industrial y geopolítica de los países con carbón, petróleo o uranio y a la envidia y codicia de otras naciones. No más guerras disfrazadas de luchas por la libertad y la democracia, pero que en realidad son intentos de hacerse con los recursos energéticos de otro país (ya se nos ocurrirían otros pretextos para invadir al prójimo y despojarlo de algo). Pero Sadi Carnot estaba diciendo que nanay. ¡Vaya aguafiestas!

[13] *Ibidem,* p. 404.

El joven ingeniero francés dejó estos enigmas para sus sucesores: ¿por qué el calor fluye por sí solo de lo caliente a lo frío, pero hacerlo fluir al revés exige esfuerzo? ¿Por qué se puede convertir trabajo totalmente en calor, mas no calor totalmente en trabajo? ¿Por qué no se puede construir una máquina perfectamente eficiente? ¿Por qué no existe el movimiento perpetuo? Él mismo habría podido llegar más lejos en sus reflexiones de 1824 si no fuera por dos circunstancias.

La primera es que para dar respuestas a estas preguntas había que emanciparse de la teoría del calórico. El calor no es una sustancia material que transita por el sistema pasando de una temperatura alta a una baja sin consumirse. La otra circunstancia es que Sadi Carnot murió de cólera en 1832, a los 36 años, olvidado y frustrado. Sus colegas tardaron viente años en redescubrirlo.

Perpetuum mobile

De niño creía en la magia, la telepatía, la telequinesis y los ovnis. El deseo de que todo esto fuera verdad me llenaba de ilusión. Vivía en perpetuo estado de alerta, al acecho del menor indicio de alguno de estos fenómenos.

Mi única evidencia era de segunda mano: un programa en la tele, el amigo de un vecino, una anécdota leída en un libro. Jamás vi con mis propios ojos nada que pudiera convencerme de que los fenómenos «paranormales», muy de moda en aquella época, fueran reales. Las dos o tres veces que creí ver un ovni se podían explicar cómo aviones vistos desde ángulos insólitos o confusiones de marco de referencia, como aquella vez que me pareció ver avanzar por el cielo una formación de puntos de luz, pero resultó ser un conjunto de estrellas detrás de una nube tenue: lo que se movía era la nube. Otro ovni resultó ser un globo de papel de China. De chasco en chasco, se me iba haciendo cada vez más difícil seguir creyendo.

Llegado a este punto de mi vida, pude haber tomado diversos derroteros: 1) cerrar los ojos y aferrarme a la creencia, 2) dejar de creer, pero dedicarme a sacar partido de la credulidad del prójimo, quizá por despecho o 3) abandonar estoicamente la ilusión y buscar en otra parte alimento para mi curiosidad y mi sed de maravillas.

Opté por la tercera alternativa y estudié física. Si me hubiera decidido por cualquiera de las otras dos, hoy sería un charlatán. Charlatanes hay de dos tipos: 1) los que se engañan a sí mismos, y 2) los que engañan a los demás. Me acuerdo de un señor mexicano que estaba convencido de que podía pronosticar terremotos hasta que se le ocurrió visitar las oficinas del Servicio Sismológico Nacional y le explicaron que no. Charlatán de tipo 1. Otro compatriota mío ha hecho fortuna vendiendo en televisión y otros medios la ilusión y el pavor que inspiran los extraterrestres. Es un charlatán de tipo 2, más perniciosos e irredimibles. Añadamos a la lista a todos esos inventores de pilas que nunca se gastan y máquinas de movimiento perpetuo que hoy proliferan en las redes sociales.

Los evangelistas del movimiento perpetuo, empero, no son ninguna novedad. A diferencia de los ovnis, que se

Molino de ciclo cerrado de Robert Fludd, 1618. El inventor no tomó en cuenta el rozamiento de las partes móviles… ni las leyes de la termodinámica, que aún no se conocían.

inventaron en 1947, cuando un piloto llamado Kenneth Arnold creyó ver una flota de objetos voladores ultraveloces sobre el monte Rainiero desde su avioneta, la máquina de movimiento perpetuo es una aspiración humana añeja, quizá porque la anima la aún más añeja pasión humana de «ganar de comer holgando», como dice Cervantes en el *Coloquio de los perros* por boca (o mejor dicho hocico) del perro Berganza. Obtener algo a cambio de nada es un sueño arquetípico de la humanidad, y así, desde que se inventaron las máquinas —y especialmente el molino hidráulico— no ha faltado quien busque cómo sacarles más provecho del que permite la naturaleza.

La rueda hidráulica, movida por el peso del agua de una cascada, era capaz de poner en movimiento las pesadas muelas de un molino, ¿qué impediría emplear parte de esa fuerza en devolver el agua a la parte alta de la cascada por medio de un tornillo de Arquímedes y reutilizarla? Así, ni siquiera sería necesaria la cascada: se pone un depósito de agua en alto y otro abajo para captar el líquido y ya está. Este molino de «ciclo cerrado» ha sido un tema recurrente en la historia del movimiento perpetuo desde que en 1618 lo propuso el médico, alquimista y astrólogo Robert Fludd.

Otra variante, común desde el siglo XIII, es la rueda de Villard de Honnecourt, una rueda con pesas basculantes por todo el perímetro que la desequilibran perpetuamente de un lado.

La rueda desbalanceada sigue siendo un diseño muy socorrido entre los charlatanes contemporáneos. Por suerte, parece que son más los vídeos que *desmienten* el movimiento perpetuo, o eso me pareció tras un breve paseo por TikTok.

En la década de 1670, John Wilkins, obispo de Chester y miembro de la Royal Society de Londres, disertó sobre el tema del movimiento perpetuo, algo que se podría conseguir, según él, por medio de una sabia gestión de «extracciones químicas», «virtudes magnéticas» o «el afecto natural de la gravedad». El sabio incluso diseñó un *perpetuum mobile* magnético: una rampa en cuya parte alta había un imán. Por ella subía una bolita de acero atraída por el imán, pero al llegar a la parte superior, en teoría, caía por un agujero que la devolvía al pie de la rampa, con lo cual el ciclo se repetía, y así *ad infinitum*. El único problema es que, si el imán fuese lo bastante fuerte como para atraer la bolita desde el pie de la rampa, es complicado imaginar cómo podría la bolita escapar de su atracción para caer por la trampa y regresar a su posición inicial. Simplemente se quedaría pegada al imán. Con las supuestas máquinas de movimiento perpetuo siempre hay un detalle que el inventor omite por ignorancia o perfidia.

En 1721 empezaba a comercializarse la máquina de Newcomen para extraer agua de minas inundadas, alimentar de agua del subsuelo los canales de navegación interior e impulsar molinos y telares. La máquina de vapor sustituía a las máquinas impulsadas por bestias, caídas de agua o seres humanos. Se economizaba en la manutención de dichas bestias y personas, pero se gastaba en carbón para alimentar al monstruo mecánico. Por

Rueda de Villard de Honnecourt, siglo XIII. Las pesas basculantes la desequilibran de un lado y la rueda gira sin parar... en teoría.

esa época, Isaac Newton, presidente de la Royal Society de Londres, y John Theophilus Desaguliers, el divulgador, que además era encargado de demostraciones experimentales en la misma institución, recibieron sendas cartas en las que se relataba la demostración de una rueda de movimiento perpetuo que se movía sin consumir ni potencia animal ni carbón.

La demostración se llevó a cabo en el castillo del conde de Hesse-Kassel, en Alemania. Los remitentes de las cartas eran el barón Joseph Emmanuel Fischer von Erlach, arquitecto vienés, quien envió su carta a Desaguliers, y el divulgador neerlandés Willem 's Gravesande, quien escribió a Newton. Fischer y 's Gravesande se encontraban en Alemania para construir e instalar una máquina de vapor cuando tuvieron la oportunidad de ver en operación la rueda de marras.

Ambos decían haber revisado cuidadosamente el aparato, un armazón circular de madera de unos 4 metros de diámetro montado en un eje horizontal y forrado de tela encerada como un tambor. El inventor de la rueda se hacía llamar Orffyreus, y gozaba de la protección del conde, quien juraba y perjuraba que no había fraude en el invento. Las demostraciones se estaban llevando a cabo para atraer inversores. El inventor pedía 20 000 libras por revelar el secreto, pero se comprometía a devolver el dinero si la máquina no proporcionaba el servicio anunciado.

Fischer y 's Gravesande relatan que tuvieron oportunidad de tocar y manipular la rueda mientras se encontraba en reposo, mas no de ver su interior: el inventor no lo permitía por temor a que le robaran el secreto. Al hacerla girar un poco con la mano se oía caer pesos en su interior. Una vez en movimiento, los testigos determinaron que la rueda giraba a razón de 26 revoluciones por minuto. Detenerla era muy difícil: la inercia del aparato podía levantar a una persona que tratara de pararla de golpe aferrándola por el perímetro.

En su carta, 's Gravesande le cuenta a Newton que la máquina estuvo en movimiento continuo «durante dos meses en una cámara sellada en la cual era imposible que hubiese ningún fraude». Pese a su fe en esta afirmación, el autor señala al principio de su carta que el ingenio causa controversia: «Casi todos los hábiles matemáticos están en su contra», escribe 's Gravesande, y añade: «Muchos sostienen la imposibilidad del movimiento perpetuo».[14]

Al final de su relación del experimento público de la rueda de Orffyreus, 's Gravesande informa a Newton de que el conde de Hesse-Kassel generosamente le ha concedido al inventor una fuerte suma de dinero con la esperanza de animar a otros inversores o suscriptores, y propone que el propio Newton, o la Royal Society, participen en el negocio en caso de que la máquina haga honor a la confianza depositada en ella. En caso de que fuera un fraude, opina 's Gravesande, no sería poco servicio a la sociedad que se invirtiera dinero en desenmascararlo.

El barón Fischer, en su carta a Desaguliers, se muestra igual de bien predispuesto a aceptar que la rueda de Orffyreus es un *perpetuum mobile*. Uno se pregunta si no hubiese sido mejor que los testigos fueran más escépticos antes de presenciar el espectáculo, el cual al parecer era más histriónico que científico.

[14] Citado en Kenrick, 1770, p. 6.

Cincuenta años después, un escritor llamado William Kenrick reunió varios documentos relativos al caso y publicó un libro (del que he tomado las citas anteriores). La obra contenía las cartas de Fischer y 's Gravesande, un testimonio del conde de Hesse-Kassel en latín (no pude leerlo) y una serie de cartas que intercambiaron años después 's Gravesande y un miembro de la corte del conde que afirmaba que Orffyreus era un necio (lo que, al parecer, nadie dudaba). El cortesano cuenta que, poco después de la visita de aquel, en 1721, el ama de llaves de Orffyreus huyó de la casa temiendo por su vida. Llevaba consigo un juramento escrito que el inventor la había obligado a firmar y que la comprometía a no revelar, so pena de muerte, que era ella quien hacía girar la rueda desde una habitación contigua. En su respuesta, 's Gravesande estaba de acuerdo en que Orffyreus era un necio, pero pensaba que el ama de llaves mentía porque él vio con sus propios ojos que no había comunicación posible con la habitación contigua. Por otro lado, él mismo cuenta en su correspondencia que el día en que examinó la máquina, el inventor montó en cólera, la hizo pedazos y escribió en la pared que lo había hecho por culpa de la «impertinente curiosidad del profesor 's Gravesande».

El berrinche sugiere con vehemencia que la rueda era un fraude. Pero Kenrick, el compilador de estos documentos, no se decide a condenar al inventor como charlatán. Incluso parece que lo defiende pintándolo como un genio incomprendido y comparándolo con Colón, que batalló para convencer a Isabel de Castilla de concederle recursos para su empresa, que tantos beneficios aportaría después a la corona. En 1770, a través de sus escritos, Kenrick aún considera posible creer en el movimiento perpetuo y, en efecto, no había nada en las leyes de la física que lo prohibiera.

Desde la perspectiva del siglo XXI no cabe la menor duda de que el tal Orffyreus era un charlatán, pero ¿de qué tipo? ¿Era un estafador como los del cuento del traje nuevo del emperador o se creía él mismo sus triquiñuelas? La historia que narran los documentos reunidos por Kenrick contiene buenos argumentos para suponer lo uno o lo otro. Newton y Desaguliers, empero, no invirtieron nada —ni dinero propio ni fondos de la Royal Society—. Menos mal.

En 1775, por recomendación del físico y matemático francés Jean Le Rond d'Alembert, la Academia de Ciencias de París dejó de aceptar solicitudes de patentes de máquinas de movimiento perpetuo, y no solo porque ninguna hubiese funcionado hasta entonces, sino porque aquella fiebre de las primeras décadas del siglo —con sus apóstoles convencidos y sus estafadores taimados— había conducido a la ruina a muchos particulares que invirtieron en aquellos quiméricos proyectos. Sadi Carnot no mató el sueño de la energía gratis, solo puso los últimos clavos en el féretro. El sueño estaba muerto desde mucho antes. La naturaleza aborrece el movimiento perpetuo.

Pero ¿por qué?

Capítulo II

Adiós al calórico

Siendo muy joven, Julius von Mayer se embarcó como médico de a bordo en la goleta Java, que zarpó de Rotterdam con destino a las Indias Orientales en 1840. Para pasar el rato se llevó un tratado de química escrito en 1789 por Antoine Laurent Lavoisier (a quien hoy reconocemos como uno de los descubridores del oxígeno junto con Carl Scheele y Joseph Priestley). Lavoisier sugería en el libro que la diferencia de temperatura entre nuestro cuerpo y el entorno se debía a la combustión del alimento en el organismo y proponía que, en sitios de clima cálido, el cuerpo requería menos combustión para mantener la diferencia de temperatura que en lugares donde hace frío.

Dio la casualidad de que, al llegar a las Indias Orientales, veintiocho marinos del Java contrajeron una fiebre. Mayer aplicó a sus pacientes el tratamiento usual, sangrías, y notó que la sangre salía de un color rojo claro muy distinto del carmesí oscuro de la sangre en Europa, observación que también hacía Lavoisier. Concluyó que la sangre en el trópico contenía más oxígeno: el oxígeno que no había sido necesario consumir para mantener el cuerpo a 36 °C en esas latitudes, más cálidas.

El joven médico empezó a predicar la conservación de la «fuerza». Calor y trabajo eran manifestaciones intercambiables de una misma cantidad física, y dicha cantidad se mantenía constante pese a cualquier transformación: el metabolismo extraía calor de los alimentos y ese calor se repartía entre dos manifestaciones, sin adiciones ni merma. Una era el calor que despedía el cuerpo y la otra era el movimiento de los músculos (el trabajo mecánico que realizaba el organismo al moverse). Hoy llamamos a esa cantidad *energía*, pero en esa época el término se refería solo a lo que hoy conocemos como energía mecánica. Mayer envió un artículo con estas reflexiones a la prestigiosa revista *Annalen der Physik und Chemie*, pero los editores de la publicación lo rechazaron. No había llegado la hora de identificar la energía con sus muchos otros avatares.

A partir de 1840 empezaron a aparecer montones de trabajos sobre la equivalencia entre el calor y otras «fuerzas». El más conocido —el que se menciona en todos los cursos de termodinámica elemental— es el de James Joule, hijo de un cervecero inglés. En su célebre trabajo de 1843, Joule, a la sazón de 24 años, midió meticulosamente la cantidad de trabajo mecánico que había que aplicar a una libra de agua para elevarle la temperatura en un grado Fahrenheit. El trabajo se le suministraba al agua por medio de una rueda de paletas que giraba al descender una pesa atada a un hilo (y se calculaba en función de la altura descendida y la masa de la pesa). La cantidad que obtuvo Joule es casi igual a la que se acepta hoy. Cambiando todo a unidades modernas (las del Sistema Internacional de Unidades), la cantidad que midió Joule fue 4150 J/kg · K: es decir, hacían falta 4150 unidades de energía para elevar en 1 Kelvin la temperatura de 1 kilogramo de agua. El valor aceptado hoy es 4184 J/kg · K. La J que figura en estas cifras designa la unidad de energía del Sistema Internacional: el *joule* (a veces se dice «julio», en español, pero se pierde la referencia al nombre del científico).

Entre 1840 y 1850, alcanzaron cotas máximas de interés las formas en que el movimiento se transforma en electricidad, esta en magnetismo y este, de nuevo en movimiento; o bien la electricidad se transforma en luz y calor. Las reacciones químicas de una pila de Volta convertían la «afinidad química» en electricidad, que se podía usar para descomponer sustancias por electrólisis. Cuando se recomponían esas sustancias, cedían calor. Cierta cantidad de trabajo tenía efectos caloríficos sobre el agua (el experimento de Joule). El mismo efecto de calentamiento se podía obtener por medio de un resistor eléctrico por el que se hacía pasar una corriente. Los procesos metabólicos en el organismo nos mantenían a una temperatura mayor que la del entorno (Mayer). Todas estas «fuerzas» se transformaban unas en otras de ida y de vuelta de manera equivalente.[15]

[15] ¡No llamen «fuerza» a la energía en presencia de un físico de hoy! Su ira puede ser tan terrible como la de un biólogo cuando le llaman «bicho» a un bicho o un geólogo cuando se le dice «piedra» a una roca. Hoy «fuerza» y «energía» son magnitudes físicas distintas. «Fuerza» se reserva para la causa inmediata de un cambio de velocidad (o sea, de una aceleración).

No tardaron algunos en razonar que ninguna de estas transformaciones podía ser más eficiente que las otras, puesto que cualquier excedente de una por encima de las demás se podría aprovechar para obtener movimiento perpetuo (piensen en lo que sucedería si una casa de cambio ofreciera más dólares por euro que la de al lado: yendo y viniendo entre ambas se podría ganar mucho dinero; en principio, dinero infinito si repetimos el ciclo infinitas veces). De ahí no había más que un paso para concluir que, en todas estas transacciones, la cantidad original de «fuerza» no aumentaba ni disminuía, solo se transformaba. El joven Hermann von Helmholtz dio ese paso en 1847, cuando presentó ante la Sociedad Física de Berlín un trabajo titulado «Sobre la conservación de la fuerza». Helmholtz partía de la imposibilidad del movimiento perpetuo y de ella deducía lógicamente que la energía siempre se conserva. El joven envió su artículo a la misma revista que Mayer, con el mismo resultado: esta lo rechazó.

Como la comunicación entre científicos no era lo que es hoy, esta historia de transformaciones equivalentes y conservación de la energía descubiertas al mismo tiempo por muchas personas es un galimatías. Continuamente se repetían esfuerzos y se disputaban prioridades. El danés Ludwig Colding tuvo que escribir una carta a los editores del *Philosophical Magazine and Journal*, importante órgano de comunicación científica en inglés, para reclamar su parte del crédito por el principio de conservación de la energía. El pobre había publicado su trabajo en danés en las revistas científicas de su país y nadie se había enterado. Las lenguas de la ciencia en el siglo XIX eran el inglés, el francés y el alemán como hoy lo es casi exclusivamente el inglés.

Sea como fuere, Colding tenía muchos competidores: Helmholtz, Mayer y otros. La intercambiabilidad de distintas formas de energía —y conservación del total— estaba de moda. En un estudio sobre este periodo de la física, el historiador Thomas Kuhn enumera no menos de doce «descubridores» casi simultáneos de la conservación de la energía. Así se dan casos en la historia de la ciencia, pero, en general, la disputa es entre dos personajes. La conservación de la energía tiene la particularidad de que los contendientes son multitud.

Tras un largo periodo de bruma e indefinición, para 1850 ya estaba claro que todas aquellas «fuerzas» vagamente definidas eran distintas manifestaciones de la energía y que, se haga lo que se haga, la energía con la que se empieza es igual a la energía con la que se termina, aunque pueda haber sufrido cambios. Esta es la ley de la conservación de la energía, llamada también primer teorema de la teoría dinámica del calor por el joven físico Rudolf Clausius en una serie de artículos que publicó entre 1850 y 1865. La «teoría dinámica del calor» —hoy llamada simplemente termodinámica— sustituye a la anticuada teoría del «calórico», que suponía que el calor era una sustancia contenida en la materia.

La esencia de la irreversibilidad

El gimnasta parte de una posición con las piernas dobladas, casi en cuclillas. De un movimiento rápido estira las piernas y se eleva 3 metros por pura fuerza muscular… o eso parece en este vídeo proyectado al revés.

Pero es imposible. No hay músculo capaz de impartirle al cuerpo la energía suficiente para elevarse 3 metros (el récord de salto vertical es de 1,3 metros… y eso tomando impulso). En el vídeo real, sin invertir, el gimnasta *cae* de una altura de 3 metros y sus piernas absorben el impacto. Pero hay un efecto adicional que no se ve: el impacto también calienta el piso un poquito. Al cabo de unos segundos, ese calor se disipa en el aire. Los músculos del atleta absorben la mayor parte de la energía de la caída; el piso al calentarse absorbe el resto.

En el vídeo en reversa el flujo de la energía se vería así: *sin que medie nada*, el piso de pronto absorbe calor del aire justo bajo los pies del atleta. En el momento preciso en que este decide saltar, esa concentración de energía térmica del piso se convierte totalmente en trabajo mecánico transferido al atleta en forma de movimiento ascendente que, añadido al impulso muscular, resulta en un salto de 3 metros.

Hay dos momentos que exigen poco menos que magia en esta secuencia invertida de acontecimientos energéticos. Son los momentos irreversibles. El primero ocurre cuando, de la nada —sin diferencia de temperatura alguna entre el piso y el aire circundante—, el calor disperso en el aire se concentra y es absorbido por el piso directamente bajo los pies del atleta, calentándolo (al piso, no al atleta). El segundo es cuando esa energía térmica concentrada en el piso se transforma íntegramente en trabajo mecánico e impulsa al gimnasta hacia arriba. Ninguna de estas dos cosas ocurre espontáneamente en la naturaleza. Un vaso de agua a la misma temperatura que su entorno no se calienta de repente sin causa absorbiendo calor del aire, y una silla de playa no salta por los aires solo porque la arena esté caliente.

Ahí está la clave del absurdo del vídeo invertido: se ubica en esos momentos en que fluye el calor sin que medie una diferencia de temperatura y la energía térmica se transforma totalmente en trabajo mecánico.

En ninguno de esos procesos se infringe la ley de conservación de la energía. Ambos cumplen religiosamente el balance energético entre el antes y el después: en el primero, la energía que gana el piso al calentarse es exactamente igual a la que pierde el aire de donde la toma; en el segundo, la energía térmica que pierde el piso la absorbe el gimnasta en su movimiento ascendente. La ley de conservación de la energía ve con buenos ojos estos dos procesos, pero todo indica que a la naturaleza no le gustan nadita. Son transformaciones de la energía que ocurren naturalmente solo en una dirección. La otra está prohibida, como si hubiera una autoridad de tránsito natural que impone un solo sentido en las calles.

Por lo tanto, la ley de conservación de la energía no basta.

Necesitamos una segunda ley, un enunciado que proscriba calentamientos espontáneos, calor difuso que se convierte en movimiento... y ya que estamos, que también proscriba máquinas de eficiencia perfecta, torres que se reconstruyen y manchas de tinta que se reconcentran. Estas transformaciones prohibidas son siempre las inversas de transformaciones que solo pueden ocurrir en un sentido y no en el contrario, transformaciones irreversibles que sí ocurren espontáneamente en la naturaleza. El nuevo enunciado tendría que indicar cuál es el sentido permitido, porque a la primera ley eso le da igual.

La segunda ley de la termodinámica, a semejanza de la primera, es una creación colectiva que emergió de las discusiones de la comunidad como emerge una imagen a partir de manchas borrosas al enfocar una lente. Estaba implícita en hechos bien conocidos, como que nada se calienta espontáneamente tomando calor del entorno o que no hay máquina térmica que pueda convertir el calor totalmente en trabajo. Y, por supuesto, era la razón oculta de que nadie hubiese podido construir una máquina de movimiento perpetuo. Pero la naturaleza de la segunda ley no se precisó hasta después de establecerse la primera. El problema era encontrar qué tenían en común las transformaciones que no ocurren espontáneamente en la naturaleza pese a cumplir la primera ley: encontrar la esencia de la irreversibilidad.

El físico británico William Thomson (futuro Lord Kelvin) y el alemán Rudolf Clausius encontraron cada uno un enunciado simple que resumía lo que tenían en común las transformaciones prohibidas. Para Clausius, el enunciado clave era *el calor no fluye espontáneamente de lo frío a lo caliente* (énfasis en *espontáneamente;* el calor sí puede pasar de una fuente fría a una caliente si en ello invertimos energía:

es lo que hace un refrigerador o el sistema de aire acondicionado de un coche). Para Thomson, en cambio, todo se reducía a la afirmación de que *el calor no puede transformarse completamente en trabajo en un proceso cíclico* (énfasis en *completamente*: el calor se transforma de manera parcial en trabajo en procesos cíclicos en cualquier máquina térmica).

En la serie de artículos que publicó entre 1850 y 1865, Clausius, que en 1850 tenía 28 años, fue refinando el enunciado que hacía falta para explicar por qué ciertas transformaciones de la energía tenían un solo sentido natural. Primero modificó la frase acerca del flujo de calor de lo frío a lo caliente añadiendo que tal cosa no era posible *sin algún otro cambio que ocurra al mismo tiempo*. Así pues, invertir esas transformaciones no era imposible (y menos mal, por eso tenemos sistemas de refrigeración), pero tenía un coste en una moneda que no era la energía. ¿Qué podía ser?

Clausius lo fue descubriendo a lo largo de esos quince años. Forjó laboriosamente una nueva magnitud física relacionada con el calor y la temperatura para distinguir lo reversible de lo irreversible. En 1865, por fin la bautizó: *entropía*, nombre construido a partir de *tropé*, que significa 'transformación' en griego, y el prefijo *en-* para obtener una palabra parecida a *energía*.

La propiedad distintiva de la entropía de Clausius es que, ocurra lo que ocurra (en cualquier *proceso* físico), la entropía *después* del proceso siempre será mayor que la entropía *antes*. La entropía aumenta.[16] Esto sugiere una

---

[16] O se queda igual si el proceso es reversible, pero los procesos reversibles son idealizaciones teóricas.

dirección preferente en los procesos naturales: aquella en la que aumenta la entropía. Dicho de otro modo, esta magnitud actúa como una rueda de trinquete, que solo puede girar en un sentido y no en el opuesto, o como el odómetro del coche, que no retrocede ni cuando el vehículo da marcha atrás. (Pregunta para más tarde: ¿qué otra cosa en el universo avanza siempre y nunca retrocede?).

No es que no podamos reducir la entropía en un rinconcito del universo, pero eso solo ocurre a condición de hacerla aumentar *aún más* en otro lado. En el interior de una nevera la entropía disminuye, pero el motor de compresión de gases que lo permite se calienta y genera en el exterior más entropía de la que extrae del interior. Resultado: aumento global de la entropía.

La marcha inexorable de la entropía explica por qué mi taza de café se enfría hasta alcanzar la misma temperatura que su entorno (es decir, alcanzar el equilibrio térmico): el equilibrio, por definición, es el estado en el que cesan las transformaciones. El equilibrio térmico es el estado en que la entropía alcanza un máximo y ya no puede seguir aumentando.

El físico Richard Feynman, divulgador sin par, lo resumió así:

Cuando todo tiene la misma temperatura ya no hay energía disponible para hacer nada. El principio de irreversibilidad es que si las cosas están a temperaturas diferentes y las dejamos en paz, al paso del tiempo se van igualando sus temperaturas y va decreciendo la disponibilidad de la energía.[17]

Falta saber qué es eso de «disponibilidad de la energía». Feynman lo ilustraba con esta analogía: imagínense que están en la playa y empieza a llover. Corren a refugiarse bajo techo y empiezan a secarse con una toalla. Mientras exista diferencia de humedad entre el cuerpo y la toalla, el agua fluirá de uno a la otra y esta ejercerá sobre el cuerpo su acción de secado. Cuando la toalla queda igual de húmeda que el cuerpo, se acabó: el agua se ha repartido entre el cuerpo y la toalla y deja de fluir, como el calor cuando se alcanza la igualdad de temperaturas.

¿Qué viene siendo la entropía en la analogía de las toallas? Al empezar el proceso el agua está concentrada en el cuerpo del bañista. Al final está repartida entre el cuerpo, la toalla y el recinto. Al igualarse la humedad de cuerpo y toalla, el agua sigue presente, pero ya no fluye: está en equilibrio. La entropía en este símil sería el grado de distribución del agua en el entorno. El equilibrio ocurre cuando el agua está distribuida al máximo.

La analogía de Feynman sugiere, a grandes rasgos, que la entropía es baja cuando la energía está concentrada y alta cuando está dispersa. El principio de aumento de entropía implica entonces que, si hay un objeto caliente y uno frío, el calor pasará del primero al segundo porque así

---

[17] Citado en Ferris, 1991, p. 158.

¡Plaf boing!: grados de reversibilidad

Tome una bolita de plastilina y una pelota de goma. Déjelas caer desde la misma altura sobre un piso firme. La bolita de plastilina se aplasta y se queda pegada al suelo. La pelota de goma rebota y sube casi hasta la misma altura.

La «energía de movimiento» con la que llegan al piso ambos objetos tiene destinos distintos: en la bolita de plastilina se emplea en deformar y calentar la plastilina y el suelo; en la pelota la energía se va en deformar elástica y momentáneamente la goma, que de inmediato recupera su forma y restituye casi toda la energía en forma de energía cinética (la parte que no restituye se transformó en calor repartido entre la pelota y el sitio del impacto). La pelota llegará más cerca de la altura original según sea más o menos elástico el material. Recapitulemos: en la plastilina la energía cinética se disipa. En la

la energía se distribuye. Lo contrario implicaría una disminución espontánea de la entropía.

Con esta nueva magnitud física, Clausius consiguió cuantificar la irreversibilidad y también el enunciado de la segunda ley, que hasta entonces era solo cualitativo. En un último gesto de síntesis, el físico redujo las dos leyes de la termodinámica a dos aforismos, física concentrada hasta la densidad del haikú:

1. La *energía* del universo es constante.
2. La *entropía* del universo tiende a un máximo.

pelota de goma se almacena momentáneamente en el material elástico, que la restituye casi por completo.

Ahora pasemos la película al revés: ¿cuál de los dos procesos nos resulta más raro? En el primer caso veríamos una plasta de plastilina que espontáneamente adquiere forma redonda y salta, un absurdo. En el segundo veríamos una pelota que cae al piso y rebota. Normal. El único indicio de que la película está invertida es que, tras el rebote, la pelota sube un poquito más de lo que cayó. Sería fácil pasarlo por alto (nunca mejor dicho).

En vista de todo esto propongo el «criterio de reversibilidad de Sergio»: cuanto más raro se vea un proceso cuando pasamos la película al revés, menos reversible será. Ø

Se abre el portal interdimensional

A los físicos les gusta el conocimiento fundamental. No se conforman con que las ecuaciones funcionen, quieren saber por qué funcionan. Toman leyes empíricas (es decir, derivadas de la experiencia) y tratan de deducirlas a partir de leyes más fundamentales, o «primeros principios», como les gusta decir. Les encanta atar cabos, encontrar hilos unificadores detrás de fenómenos en apariencia distintos: vislumbrar la misma ley de gravitación tras la caída de una manzana y la rotación de una galaxia.

La termodinámica es empírica. Desde la ley del gas ideal, que relaciona la presión, la temperatura y el volumen de un gas, hasta las dos leyes de la termodinámica[18] —y desde Carnot hasta Clausius—, toda ella es una sistematización de resultados experimentales. Es un poco como saber usar el móvil sin entender nada de electrónica ni de informática. Se trata de un conocimiento empírico y, sobre todo, práctico, pero para un físico sería deseable fundamentarlo mejor, encontrarle la «informática».

En termodinámica clásica, un volumen de gas es un cuerpo en sí mismo. No es analizable a un nivel más profundo. No está hecho de partes más pequeñas. Un gas es un gas y punto.

Ya en la época de Clausius esta visión empezó a parecerles insuficiente a algunas personas. Estaba muy bien saber que un gas se expande y ejerce más presión cuando se calienta y que tiende al equilibrio cuando lo dejamos en paz, pero ¿por qué hace estas cosas? La termodinámica clásica no lo decía.

Si un gas estuviese compuesto de grandes cantidades de partículas extremadamente pequeñas que se agitan y chocan entre sí —aquellos «átomos» que desde la Antigüedad se sospechaba que componían la materia—, quizá se podría explicar el comportamiento de los gases aplicando a esas partículas las bien conocidas leyes del movimiento (las de Newton, vaya). De esta manera, el comportamiento de un

---

[18] Hay más, pero las dos que hemos explorado son con mucho las más importantes.

gas visto en la escala humana (llamémosla *macroscópica*) se explicaría como el movimiento colectivo de sus componentes *microscópicos*. La termodinámica se reduciría a la mecánica, una unificación de esas que tanto les gustan a los físicos.

El problema es que nadie sabía si los átomos existían siquiera, y muchos lo dudaban. En caso de que sí existieran, ¿cómo eran? ¿Esferitas rígidas como bolas de billar? ¿Pelotas esponjosas? ¿De qué tamaño? La física hasta entonces se había ocupado de cantidades que se pueden medir haciendo experimentos. Así se había construido la ley del gas ideal, que relaciona la presión P, el volumen V y la temperatura T de un gas de una manera muy sencilla (resultó que $P \cdot V$ es proporcional a T). Explicar el comportamiento macroscópico de un gas a partir del comportamiento microscópico de entidades hipotéticas e imposibles de observar parecía demencial. Con todo, no faltó quien emprendiera la construcción de esta teoría mecánica del calor y los gases, que se llamó «teoría cinética».

Muy bien. Un gas es un conjunto de átomos (o moléculas, pero digamos «átomos» para no complicarnos la vida). En ese caso, la presión sería el efecto acumulado (el efecto *medio*) de una vasta cantidad de golpecitos de átomos individuales al chocar contra las paredes del recipiente en su agitado movimiento. Al multiplicarse el número de choques hasta las pavorosas cantidades de partículas que sin duda componen cualquier volumen de gas, el efecto conjunto sería como la diferencia entre el aplauso raquítico de cuatro personas en una lectura de poesía contemporánea y el rugido estremecedor de diez mil fanáticos en un concierto de Taylor Swift. Esta presión construida cinéticamente dependerá del número de átomos, de su masa y de su velocidad, variables que no había manera de medir ni calcular sin acceso directo a la dimensión de los átomos.

No pasa nada, un físico no se arredra en su búsqueda de relaciones matemáticas entre variables solo porque dichas variables no estén a la vista. Si la presión —cantidad macroscópica fácil de entender y medir— está relacionada con la masa de los átomos y su velocidad, quizá construyendo otras relaciones entre variables macroscópicas y microscópicas podamos obtener suficientes ecuaciones para eliminar las incógnitas, como en el álgebra, y deducir así los valores de las variables microscópicas.

En 1845, un físico escocés llamado John Waterston envió a la Royal Society desde la India el manuscrito de un artículo en el que deducía la ley del gas ideal a partir de la hipótesis atómica. La Royal Society rechazó el manuscrito. El revisor estimó que «todo en él es absurdo». Apenas doce años después, Rudolf Clausius acometió la misma tarea. Se encontraba en medio de su prolongado esfuerzo de inventar la entropía cuando se interesó también en recuperar la termodinámica a partir de movimientos atómicos. Decididamente, era una moda. Clausius consiguió relacionar la presión y la temperatura con la velocidad media de los átomos (o, de forma equivalente, con su energía cinética media), e incluso calculó una primera estimación de dicha velocidad: ¡1000 kilómetros por hora!

El químico neerlandés Christopher Buys Ballot se mofó del resultado de Clausius: si los átomos se movían a 1000 kilómetros por hora, ¿por qué no llegaba el aroma de la comida instantáneamente a las narices de los comensales al entrar el mayordomo con los platillos? Clausius respondió: porque ningún átomo individual puede ir muy lejos sin chocar con otros átomos. Por raudos que sean, si están cambiando de dirección y velocidad constantemente por las colisiones con otros átomos, no irán en línea recta de la sopera de plata a las narices de Buys Ballot, sino en un camino zigzagueante muchísimo más largo. Los aromas no llegan como dardos de la sopa a la nariz: se difunden pausadamente como una gota de tinta en agua (de hecho, *exactamente* como una gota de tinta en agua: esta también es un grupo de átomos abriéndose paso entre una multitud de átomos de otro tipo, pero tiene la ventaja de ser visible).

Gracias a la burla de Buys Ballot, Clausius tuvo otra idea muy fructífera: en una multitud de átomos —igual que en una multitud de personas— un individuo solo puede recorrer cierta distancia antes de chocar con otro. Dicha distancia será más grande si los individuos están muy dispersos y más pequeña si están más apiñados. Clausius llamó «camino libre medio» a la distancia media que pueden recorrer los átomos de un fluido sin colisionar. Ahora existía una nueva variable microscópica que se podía relacionar con las macroscópicas para conectar lo visible y medible con lo invisible e inaccesible: una ventana a la dimensión atómica.

Teoría de las multitudes

Conectar el comportamiento macroscópico con el microscópico exigió un cambio de método en la física. Los átomos que componen un gas (si acaso existían) debían ser extremadamente pequeños y numerosos. No tenía caso ni siquiera pensar en la posibilidad de seguirle la pista a cada uno y, por lo tanto, no quedaba más remedio que emplear métodos estadísticos. Un padre o una madre pueden fácilmente ocuparse del comportamiento individual de dos o tres hijos, pero gobernar a millones exige renunciar a conocer el comportamiento individual y conformarse con el comportamiento estadístico de la población. Así, la hipótesis atómica exigía, irremediablemente, renunciar a la certeza absoluta y recurrir a las matemáticas del casino y del juego.

La comunidad de físicos se dividió en dos: los que estaban encantados y los que no podían dormir pensando en que el conocimiento estadístico no nos dice nada *absolutamente* (que no es lo mismo que «no nos dice absolutamente nada»). En el equipo de los insomnes inquietos estarían, por ejemplo, Ernst Mach y Max Planck (que concordaban en esto y discrepaban en todo lo demás) En cambio, el físico escocés James Clerk Maxwell era del equipo de los entusiastas. Aunque no el *más* entusiasta. Tal papel recaería en alguien más.

Maxwell era un matemático extraordinario además de un personaje algo excéntrico. Su madre, que murió cuando él era muy joven, y contaba en una carta a un familiar que a los 3 años el pequeño era muy curioso y siempre preguntaba cómo funcionaban las cosas («dime cómo hace», exigía). Su padre viudo lo crio en su propiedad de Glenlair, Escocia, donde ambos vestían ropas hechas según especificaciones de papá Maxwell, que gustaba de usar zapatos con la punta cuadrada para que sus dedos estuviesen a sus anchas. Cuando envió a James a estudiar a Edimburgo a los 10 años, el niño sufrió al principio las burlas de sus compañeros por su extraña forma de vestir, su acento y sus modos rústicos. Por suerte, no era tímido y sus excentricidades le granjearon al poco tiempo la amistad de sus simpáticos torturadores.

James le escribía a su padre divertidas cartas en las que le decía cosas como: «Mi querido Sr. Maxwell, hoy he visto a su hijo, quien me ha dicho que usted no entendía sus acertijos», las cuales firmaba como «Jas. Alex. McMerkwell», anagrama de su nombre. A los 14 años ya estaba tan avanzado en matemáticas, que le permitieron presentar un trabajo ante la Real Sociedad de Edimburgo.

James ingresó a la Universidad de Edimburgo a los 16 años, y tres años después pasó al Trinity College de la Universidad de Cambridge, donde siguió haciendo amigos y sorprendiendo por su originalidad y su inteligencia. Se graduó en 1854, a los 23 años mientras, en Alemania, Clausius batallaba con la segunda ley de la termodinámica y la entropía.

No sé cuándo leyó los tratados de estadística del matemático belga Adolphe Quetelet, pero está claro que dejaron huella en él. Quetelet aplicó las técnicas del análisis estadístico a las ciencias sociales y a la «antropometría», la medida del ser humano (por ejemplo, introdujo el *índice de masa corporal* —el cociente del peso de un individuo entre su estatura— como medida de la obesidad). Impresionado de que pudiese extraerse tanta información útil acerca de las multitudes a partir de valores medios y distribuciones de probabilidad, Maxwell se convenció de que «la verdadera Lógica de este mundo es el cálculo de probabilidades», apreciación a la que añadió: «Esta rama de las matemáticas, que generalmente se considera una incitación al juego y a las apuestas —y, por lo tanto, es muy inmoral— es la única matemática del hombre práctico».[19]

En 1855, la Universidad de Cambridge, su *alma mater*, convocó el Premio Adams de matemáticas, así nombrado en honor de John Couch Adams, un joven que, por medio de un cálculo de dificultad heroica, dedujo la posición de un hipotético planeta nuevo a partir de las anomalías observadas en la órbita de Urano. El planeta existe y hoy lo llamamos Neptuno. Para desgracia de Adams, al célebre astrónomo francés Urbain LeVerrier se le ocurrió lo mismo y fue su cálculo el que incitó a los astrónomos a buscar y encontrar el nuevo planeta. Adams no consiguió interesar a sus compatriotas para que lo buscaran y así el crédito se lo llevó LeVerrier (al menos inicialmente). El Premio Adams, instituido en 1848, cuando el joven no tenía ni 30 años, es prueba de que sus compatriotas no tardaron en arrepentirse.[20]

[19] Citado en Lindley, 2001, p. 76.

[20] La historia del descubrimiento de Neptuno está narrada en mi libro *Algo anda mal: la ciencia (y las ventajas) de las anomalías,* México: Siglo XXI, 2025.

El tema del premio para 1855 era la estabilidad de los anillos de Saturno. Descubiertos en el siglo XVII por Christiaan Huygens, los anillos eran tres, el tercero se observó por primera vez en 1850 (hoy conocemos muchos más). Maxwell y todo el mundo sabían que los anillos no podían ser estructuras sólidas porque la gravedad impone velocidades orbitales distintas a objetos situados a distancias distintas de un planeta. Una estructura rígida no tardaría en desintegrarse en esas condiciones. Maxwell sabía, además, que el tercer anillo era tan delgado que se podía ver a través de él: en las circunstancias adecuadas se apreciaba la curva del planeta como una silueta detrás del tenue velo. Como, además, dicha silueta se veía nítida (la luz atravesaba el anillo sin distorsionarse), no debía estar hecho de una sustancia transparente y continua como el vidrio de una lente, sino de alguna especie de polvo de millones de partículas individuales de distintos tamaños. En vista de que era imposible calcular la trayectoria de cada una, Maxwell tuvo la idea más natural en un discípulo de Quetelet: tratar la población de partículas de forma estadística, como si fuera una población de personas. Demostró así que los anillos eran estables y duraderos. Con este trabajo ganó el premio y de paso adquirió una destreza única en materia de métodos estadísticos.

Maxwell no tardó en interesarse en el tratamiento estadístico de los gases. Después de todo, los anillos de Saturno eran eso, en esencia. Clausius se había visto reducido a suponer en sus cálculos que todos los átomos en un volumen de gas se mueven a la misma velocidad. No es que lo creyera, pero no sabía cómo tomar en cuenta la posibilidad de que una multitud de partículas diminutas en perpetua agitación y chocando unas con otras sin cesar tuviesen velocidades muy distintas y cambiantes. Un átomo que en cierto instante se desplazase a 300 metros por segundo no recorrería una gran distancia antes de chocar con otro (en promedio, solo recorrería un «camino libre medio», según la definición de Clausius). El encuentro podía dejarlo brevemente con una velocidad mucho menor e imprimirle al otro átomo una mayor. Y así, en este caos de colisiones atómicas, las velocidades estarían distribuidas en vez de ser la misma para todos los átomos.

La primera contribución de Maxwell, publicada en 1860, fue inventar una descripción matemática de la distribución de velocidades, una expresión que permite calcular la proporción de átomos que se mueven a las distintas velocidades cuando el gas está en equilibrio. Un átomo individual cambia de velocidad todo el tiempo conforme se abre paso a empellones entre sus congéneres, pero sobre la suerte de átomos individuales la distribución de Maxwell no dice nada de la misma manera que el ingreso *per capita* de un país no dice nada sobre las finanzas de un individuo. Lo que importaba era la *proporción* de átomos con cierta velocidad, proporción que, al llegar el gas al equilibrio, debía mantenerse constante.

Maxwell tenía 28 años cuando obtuvo la función de distribución de velocidades. Según David Lindley, la dedujo con argumentos algo abstractos y no del todo convincentes.[21] Así sucede a veces con las innovaciones en ciencia. Un argumento inicialmente endeble después se apuntala mejor. Quien lo haría sería un físico austriaco un poco más joven que Maxwell y no menos excéntrico: Ludwig Boltzmann, quien se impuso la misión de demostrar que los átomos sí existían y de asentar toda la termodinámica sobre la teoría mecánica, así fuera lo último que hiciera (y lo fue).

---

[21] Véase Lindley, *op. cit.*, p. 26.

Capítulo III
La entropía del ánimo

El doctor George Beard, profesor de enfermedades nerviosas de la Universidad de Nueva York, propuso en 1869 el nombre «neurastenia» para un trastorno caracterizado por la «falta de fuerza nerviosa» —o lo que sus colegas llamaban «agotamiento nervioso»—. La neurastenia era al sistema nervioso lo que la anemia al vascular, explicaba el doctor Beard. Abarcaba síntomas como cansancio, dispepsia, depresión y ansiedad, pero podía abarcar muchos otros:

Si el paciente reporta malestar general, debilidad de todas las funciones, falta de apetito, debilidad persistente de la espalda, dolores pasajeros, histeria, insomnio, hipocondría, renuencia al esfuerzo mental prolongado, dolores de cabeza fuertes e incapacitantes u otros síntomas parecidos, y al mismo tiempo *no da señales de anemia ni otros males orgánicos*, hay motivos para sospechar que el problema está en el sistema nervioso y que nos encontramos ante un caso típico de neurastenia.[22]

Aunque Beard conjeturaba que la neurastenia era un trastorno exclusivo de la vida urbana estadounidense (e incluso que era el precio del progreso y refinamiento de esa vida), el término no tardó en difundirse también en Europa. ¡Explicaba tantas cosas! Con el paso del tiempo se reconoció que explicaba demasiadas. No era útil como caracterización de un trastorno mental y hoy ha caído en desuso, pero en aquella época diagnosticar neurastenia se puso tan de moda como hoy diagnosticar neurodivergencias.

Las circunstancias que podían desencadenar la neurastenia eran «la presión del luto, o las preocupaciones laborales y familiares, el parto y el aborto, los excesos sexuales, el abuso de estimulantes y narcóticos y la privación social». Algunos casos respondían a un tratamiento de «electrización» (que es exactamente lo que ustedes se imaginan), pero muchas veces era crónica. Las causas, especulaba Beard, eran que el sistema nervioso se «desfosforizaba» o que perdía «constituyentes sólidos» o sufría cambios químicos indetectables. Pero, en definitiva, la consecuencia era que se empobrecía «la cantidad y la calidad de la fuerza nerviosa». Una especie de entropía del ánimo, vaya.

El físico austriaco Ludwig Boltzmann, nacido en 1844, era un *crack* de la física de la segunda mitad del siglo XIX,

[22] Véase Beard, 1869.

pero tenía un demonio propio que le tendía trampas a cada paso en su vida: era neurasténico.

Boltzmann era una de esas personas sin filtro, campechanas y espontáneas, que dicen sin tapujos lo que piensan —tanto así, que podía parecer grosero, torpe e impertinente—. Al mismo tiempo, padecía episodios de duda e inseguridad que lo paralizaban o lo hacían vacilar en sus decisiones. Si le ofrecían un puesto en una universidad, primero aceptaba, luego se arrepentía, y después recapacitaba y volvía a decir que sí. A veces las autoridades de esas universidades (y del Imperio Austrohúngaro) se mostraban indulgentes y a veces no.

Se casó muy enamorado de su prometida, Henriette, y con un índice de masa corporal saludable. El amor creció y también su IMC. Llegado a la madurez, Boltzmann era un hombre muy corpulento. Parece que también aumentó su excentricidad. Se cuenta que un día decidió que sus hijas, necesitaban beber leche fresca, así que cogió el camino del mercado de Graz y compró una vaca, que llevó a su casa andando por las calles de la ciudad con el animal atado a una cuerda como quien pasea a un perro. ¡La cara que debió de poner Henriette! Boltzmann tuvo que consultar con un zoólogo de su universidad para saber qué comían las vacas.

Ludwig Boltzmann se interesó en la teoría cinética por primera vez en 1866, a los 22 años, recién egresado de la universidad con un flamante doctorado. El año anterior, Clausius había propuesto la entropía como la magnitud fundamental en la segunda ley de la termodinámica (la que explicaba la irreversibilidad de la mayoría de los fenómenos). La definición original de Clausius estaba basada en el calor intercambiado en un proceso físico y la temperatura a la que ocurría el intercambio, cantidades macroscópicas propias de la termodinámica clásica. Así pues, había que encontrar una definición de la entropía en términos de átomos en movimiento, y Boltzmann se entregó a ello con entusiasmo.

Publicó un bosquejo preliminar, pero su artículo pasó inadvertido; aún era un don nadie. Cuando, cinco años más tarde, Clausius propuso una idea parecida que fue bien recibida, Boltzmann cometió la torpeza de protestar ante la Academia de Ciencias de Viena en una larga y tediosa carta, en la que reproducía una buena parte de su artículo de 1866. La torpeza no fue protestar —estaba en su derecho—, sino añadir al final: «Creo que he establecido mi prioridad», y el tiro de gracia (o más bien el tiro de impertinencia): «Deseo expresar mi beneplácito de que una autoridad como el Dr. Clausius contribuya a diseminar las ideas contenidas en mis artículos sobre la teoría mecánica del calor». Clausius replicó con una carta en la que reconoce la prioridad de su joven colega y se disculpa de no haber estado al tanto de sus publicaciones, pero remata: «pienso que mi resultado es más general». Quizá por eso al año siguiente Boltzmann acometió el trabajo más impresionante de su vida. Nada como un agravio para espolear la creatividad.

El individuo torpe, desgarbado e inseguro que iba dando tumbos por la vida se transformaba, cuando se ponía el sombrero de físico, en un individuo torpe y desgarbado, pero de gran seguridad en sus habilidades matemáticas y de resistencia maratoniana, una especie de virtuoso sin la elegancia del virtuoso («La elegancia es para los sastres y los zapateros», decía a sus estudiantes). Boltzmann estaba muy impresionado con la distribución de Maxwell, y en 1866 había conseguido darle fundamentos físicos mejores que los argumentos matemáticos sobre los que la construyó el físico escocés. Pero se preguntaba cómo era posible que el desbarajuste de la escala microscópica se tradujera en orden en la escala macroscópica. Cuando el gas alcanzaba el equilibrio, los átomos no solo adoptaban la distribución de velocidades de Maxwell, sino que persistían en esa distribución pese a que microscópicamente seguían arremetiendo unos contra otros como unos salvajes.

Boltzmann atacó el problema sin concederse simplificaciones. O concediéndose una sola: recurrir a la estadística en lugar de tomar en cuenta las andanzas individuales de cada uno de los cientos de miles de trillones de átomos que hay en una muestra de gas de tamaño modesto (no es exageración: el número en notación científica es 10^{23}, cien mil millones de millones de millones). Con fiera determinación, acometió el ascenso de este Everest estadístico.

Había que considerar colisiones atómicas a todas las velocidades posibles y en todas las direcciones posibles, de un instante al siguiente, y luego calcular el comportamiento medio de todas estas posibilidades, una labor que exigía fuerza bruta además de intuición física sobre lo que harían 10^{23} bolitas rígidas enloquecidas con la única obligación de cumplir las leyes de Newton. Si el gas estaba en equilibrio desde el punto de vista de un observador macroscópico, la distribución de velocidades debería mantenerse constante aunque cada átomo individual cambiara de velocidad continuamente. Eso, ni más ni menos, era el equilibrio en términos estadísticos. Boltzmann preguntó a sus ecuaciones qué distribución de velocidades satisfacía estas condiciones. Y la respuesta fue —¡sorpresa!... o no tanto— la distribución de Maxwell. De hecho, esta distribución no solo era la única posible en equilibrio, sino a la que tendían los gases que no lo estaban. Hoy se llama distribución de Maxwell-Boltzmann.

Su trabajo, hasta aquí, ya es bastante impresionante, pero Boltzmann siguió adelante y construyó una enrevesada expresión matemática (hoy denotada por H) a partir del caos microscópico.[23] La H de Boltzmann se comportaba exactamente igual que la entropía macroscópica de Clausius, salvo por un signo negativo: una disminución de H corresponde a un aumento de la entropía. Boltzmann demostró que H tendía a disminuir con todo lo que hace un gas o un fluido cualquiera y que alcanzaba un mínimo cuando el gas llegaba al equilibrio. Este resultado se conoce como el teorema H de Boltzmann y es la primera explicación atómica de la entropía y la irreversibilidad.

---

[23] A mí me la enseñó hace muchos años la intrépida Lorena Zogaib, joven profesora de la Facultad de Ciencias de la UNAM, que nos guio durante varios días por la tupida jungla matemática y la enrevesada cadena de suposiciones de Boltzmann, llenando pizarras y pizarras de integrales múltiples y ecuaciones kilométricas. Y eso que era una versión simplificada.

Cuando relató su expedición a esta montaña matemática, en 1872, Boltzmann recayó él mismo en su estado de equilibrio, que consistía en decir las cosas tal y como se le iban ocurriendo, en tropel, caóticas como los movimientos atómicos. Sus escritos eran difíciles de entender incluso sin la complejidad matemática. Ni siquiera Clausius lo vio con claridad. Y Maxwell, que ya había pasado a otras cosas, no apreció tanto el monumental trabajo de su colega. Las reacciones tardaron en llegar, pero cuando llegaron, fueron contundentes.

Con un demonio

Los métodos de Boltzmann eran difíciles de asimilar para muchos físicos, acostumbrados a que las leyes de la física fueran absolutas como las leyes de Newton, no estadísticas como la estatura media en una población. Las leyes de Newton se cumplen siempre. Las satisface rigurosamente cada colisión entre dos miembros cualesquiera de la población atómica, ¡nada de colisiones que son newtonianas solo *en promedio*! Esa era la premisa principal de la teoría cinética. ¿Cómo podía entonces construirse una magnitud irreversible si cada uno de sus componentes era estrictamente reversible?

El primero en levantar esta objeción fue Josef Loschmidt, quien había sido mentor de Boltzmann cuando el joven llegó a la Universidad de Viena. Ambos eran melómanos. Boltzmann, además, tocaba el piano muy bien. Loschmidt lo llevó a escuchar a la Filarmónica de Viena tocar la tercera sinfonía de Beethoven (la llamada *Eroica*). Décadas más tarde Boltzmann contó que después del concierto quiso impresionar a su mentor con un comentario pedante sobre la estructura de la obra.[24] Loschmidt lo puso en su lugar con afecto y paciencia paternales. Boltzmann lo recordaba con veneración.

Por esa época, Maxwell llegó a un resultado inesperado, pero verificable, de la teoría cinética —y en particular del concepto de camino libre medio de Clausius—. Baste decir, sin entrar en detalles, que a partir de este resultado Loschmidt, en 1865, obtuvo la primera estimación de las dimensiones de los átomos y moléculas: los objetos del mundo atómico se medían en millonésimas de milímetro. De ahí salió el valor de 10^{23} para el número de átomos contenidos en un volumen pequeño de aire, valor que Boltzmann usó en su artículo de 1872.

El afecto que le tenía a Boltzmann no impidió que Josef Loschmidt fuera el primero en encontrarle objeciones al teorema H (los amigos son los amigos, pero la ciencia es la ciencia). Si cada colisión cumplía las leyes de Newton y todos los tipos de colisiones eran igual de probables, nada impedía que ocurriese una colisión y su inversa exacta. La función H debería tener tantas probabilidades de aumentar como de disminuir.

Maxwell anticipó un problema similar en 1869, tres años antes de que Boltzmann intentara edificar toda la termodinámica sobre los cimientos de la teoría cinética.

[24] Véase Lindley, *op. cit.*, p. 30.

Como sabemos, tanto Loschmidt como Maxwell eran partidarios convencidos de esta, pero ningún científico que se respete se conforma con tener convicciones: trata de fundamentarlas, y para eso las somete a las críticas más descarnadas. Maxwell se imaginó un gas contenido en un recipiente dividido a la mitad por una pared. En la pared hay un pequeño orificio por el que pueden pasar los átomos. Al principio, un lado está caliente (lleno de átomos rápidos) y el otro frío (lleno de átomos lentos). Si dejamos el orificio abierto, los átomos pasan de un lado al otro al azar y las velocidades se mezclan hasta que ambos lados están a la misma temperatura (y la entropía macroscópica de Clausius alcanza un máximo).

En ese momento Maxwell hizo entrar en escena a un ser diminuto que se instalaba junto al orificio, ahora provisto de un obturador, y se dedicaba a dejar pasar hacia un lado únicamente los átomos más veloces, cerrándoles la puerta a los otros. Las actividades de este personaje, al que Maxwell llamaba «demonio», no inyectaban energía en el sistema ni contravenían ninguna ley física, y sin embargo, al cabo del tiempo, de un lado del recipiente había otra vez solo átomos rápidos y del otro solo átomos lentos. En términos macroscópicos, un lado se habría calentado a expensas del otro sin causa física alguna al tiempo que la entropía menguaba espontáneamente. ¡Horror!

El demonio de Maxwell servía para demostrar que hay movimientos atómicos insólitos pero legales, cuyo efecto es que el calor fluya sin esfuerzo de lo frío a lo caliente y la entropía se reduzca, en flagrante violación de la segunda ley de la termodinámica. A veces se dice que el demonio de Maxwell demuestra que la segunda ley no se cumple. Falso. Lo que demuestra (independientemente del teorema H de Boltzmann, que vendría después) es que la segunda ley de la termodinámica se cumple solo *estadísticamente* (es decir, se cumple en la gran mayoría de los casos, pero no estrictamente en todos). Es una objeción similar a la de Loschmidt, pero expresada con mucha más fantasía, en el más puro estilo de Jas. Alex McMerkwell. La entropía calculada a partir de la H de Boltzmann tendía a aumentar, pero ciertos movimientos atómicos, improbables mas no imposibles, la hacían disminuir. (¿Cuánto de improbables? El propio Boltzmann nos lo dirá un poco más adelante).

Estas críticas arrasadoras eran apenas lo que se podría llamar el fuego amigo: las objeciones de los aliados. Los verdaderos opositores de la hipótesis atómica y la teoría cinética se sintieron autorizados a adoptar esa insoportable actitud del sabelotodo que sentencia «te lo dije». Y la adoptaron. Envalentonados por lo que parecía el fracaso de Boltzmann y de la teoría cinética, redoblaron sus críticas. Él no las rechazó ni se las tomó a la ligera.

Muy bien, según la teoría cinética, no es imposible que la entropía disminuya espontáneamente. Entonces, ¿por qué nunca lo hace? ¿Por qué hay fenómenos irreversibles, si las leyes fundamentales son reversibles? Pensábamos que Clausius lo había resuelto con la entropía clásica y su marcha inexorable, pero no. Desde la perspectiva atómica del teorema H, la entropía puede tranquilamente disminuir mientras el demonio de Maxwell se retuerce de risa.

Pero nunca disminuye.[25]

Un teorema que a veces no se cumple —por raras que sean esas veces— no es un teorema. Algo anda mal.

Boltzmann está a punto de decirnos qué.

Grandes números

De vuelta al escritorio y a las ecuaciones, Boltzmann se devana los sesos. Piensa otra vez en los acontecimientos microscópicos —turbulentos y desorganizados— y en su contraste con la majestuosa y miope perspectiva macroscópica, que desde las alturas solo ve un gas en sereno y aburrido equilibrio.

Piensa que el estado de equilibrio sigue siendo el mismo estado de equilibrio sin importar que los átomos individuales se repartan la energía de muchas maneras distintas. El observador macroscópico no se da cuenta de ningún cambio. En otras palabras, hay muchas configuraciones diferentes de la energía de los átomos que, sin embargo, dan como resultado la misma situación macroscópica. Al mismo tiempo, el número de configuraciones *posibles* debe de ser aún más grande: además de las que corresponden al estado de equilibrio, hay infinidad de configuraciones que corresponden a todos los otros estados macroscópicos que se podrían observar. Cada uno está representado por

[25] *Espontáneamente*, insistimos.

un conjunto de posibilidades microscópicas que son compatibles con él.

Y entonces Boltzmann da en el clavo: el estado de equilibrio y máxima entropía debe ser simplemente el más probable, el que es compatible con el mayor número de configuraciones microscópicas. La tendencia de la entropía a aumentar se reduce a un asunto de probabilidades: un gas que cambia de microestado continuamente y al azar caerá la mayor parte del tiempo en alguno de los numerosísimos microestados que corresponden al equilibrio. Si en la práctica no vemos disminuir la entropía, se debe a que la probabilidad del estado de equilibrio no solo es superior a la de los otros, sino descomunal, espantosa e inimaginablemente superior. Es como sacar bolas al azar de un saco: si hay 20 millones de bolas blancas y solo una negra, a nadie le extrañará que siempre salgan bolas blancas.

Eso habrá que verlo y lo veremos en un momento. Por ahora les puedo contar que el químico Henry Bent calculó una vez la probabilidad de que una caloría de energía térmica se transformara totalmente en trabajo mecánico sin intervención de nada ni nadie, lo que equivale a que nuestro gimnasta preferido salga disparado hacia arriba por una acumulación espontánea de calor bajo sus pies y la conversión de ese calor en movimiento ascendente. Según Bent, la probabilidad de tal acontecimiento sería similar a la probabilidad de que un grupo de monos tecleando al azar en una máquina de escribir obtenga las obras completas de Shakespeare sin cometer ni un error... ¡mil billones de veces seguidas!

Mi tío conspiranoico diría: «Pero la probabilidad no es cero», y yo le invitaría a una apuesta: apuesto todo lo que tengo a que no lo veremos ocurrir ni en todo el tiempo que le quede de existencia al universo. ¿Te apuntas a la apuesta, tío? Los inventores de máquinas de movimiento perpetuo sí se apuntaron sin saberlo. Y perdieron. La probabilidad de una reducción espontánea de la entropía (énfasis en *espontánea*; recordemos que sí podemos hacerla disminuir artificialmente) puede no ser cero, pero el número es tan increíblemente pequeño que para todo fin práctico podemos estar seguros de que no va a ocurrir. La entropía aumenta porque es avasalladoramente probable que aumente y ridículamente improbable que disminuya.

No me crean así nada más. Veamos ejemplos.

Democracia atómica

Es como lanzar dos dados numerados, uno negro y uno blanco, y apostar a la suma. ¿A qué número apostarían si su vida dependiese de ello?

A cada lanzamiento, los dados caen al azar en 1, 2, 3, 4, 5 o 6. Hay tres maneras de que la suma dé, digamos, 4: dado blanco en 3 (B3) y dado negro en 1 (N1), o viceversa (B1-N3), o ambos dados en 2 (B2-N2).

En cambio, hay seis maneras de que salga 7. Helas aquí: B1-N6, B2-N5, B3-N4, B4-N3, B5-N2, B6-N1. Las sumas 2 y 12 solo tienen una posibilidad cada una: B1-N1 y B6-N6. La siguiente tabla resume estas observaciones:

Tabla 1. Suma de dos dados						
	B1	**B2**	**B3**	**B4**	**B5**	**B6**
N1	2	3	4	5	6	7
N2	3	4	5	6	7	8
N3	4	5	6	7	8	9
N4	5	6	7	8	9	10
N5	6	7	8	9	10	11
N6	7	8	9	10	11	12

Suma de dos dados. El número 7 tiene más maneras de salir que los otros (es la diagonal más larga). En términos boltzmanianos: el macroestado 7 tiene multiplicidad 6.

La siguiente tabla muestra las sumas, el número de formas de obtenerlas (su *multiplicidad*) y la probabilidad de cada una (tomando en cuenta que hay 36 resultados posibles cuando se lanzan dos dados, 6 × 6 = 36).

Tabla 2. Número de formas de obtener cada suma		
Suma	**Multiplicidad**	**Probabilidad**
2	1	1/36 ≈ 2,78 %
3	2	2/36 ≈ 5,56 %
4	3	3/36 ≈ 8,33 %
5	4	4/36 ≈ 11,11 %
6	5	5/36 ≈ 13,89%
7	6	6/36 ≈ 16,67%
8	5	5/36 ≈ 13,89 %
9	4	4/36 ≈ 11,11 %
10	3	3/36 ≈ 8,33 %
11	2	2/36 ≈ 5,56 %
12	1	1/36 ≈ 2,78 %

He aquí un bonito histograma para visualizarlo mejor:

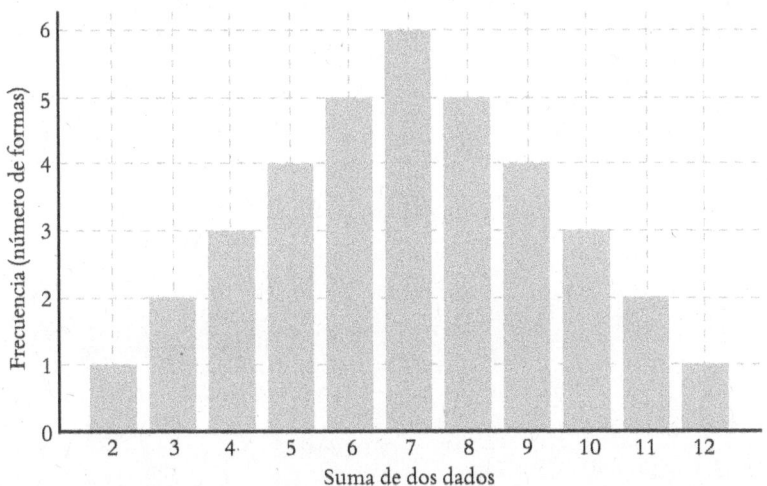

Distribución de sumas al arrojar dos dados.

La suma más probable es 7. Si tuviésemos que apostar, la mejor estrategia sería apostarle al 7, aunque no sería la mejor por mucho: esa suma es solo 6 veces más probable que las menos probables, 2 y 12.

Aquí están los resultados con cinco dados. Ahora hay $6 \times 6 \times 6 \times 6 \times 6 = 6^5 = 7776$ resultados posibles. La probabilidad de cada suma será el número de maneras distintas de obtenerlas dividido entre 7776. Veámosla aquí en forma de tabla:

Suma	Multiplicidad	Probabilidad
Tabla 3. Probabilidad de cada suma al tirar cinco dados		
5	1	1/7776 ≈ 0.013 %
6	5	5/7776 ≈ 0,064 %
7	15	15/7776 ≈ 0,193 %
8	35	35/7776 ≈ 0,450 %
9	70	70/7776 ≈ 0,901 %
10	126	126/7776 ≈ 1,62 %
11	205	205/7776 ≈ 2,64 %
12	305	305/7776 ≈ 3,92 %
13	420	420/7776 ≈ 5,40 %
14	540	540/7776 ≈ 6,94 %
15	651	651/7776 ≈ 8,37 %
16	735	735/7776 ≈ 9,45 %
17	780	780/7776 ≈ 10,03 %
18	780	780/7776 ≈ 10,03 %
19	735	735/7776 ≈ 9,45 %
20	651	651/7776 ≈ 8,37 %
21	540	540/7776 ≈ 6,94 %
22	420	420/7776 ≈ 5,40 %
23	305	305/7776 ≈ 3,92 %
24	205	205/7776 ≈ 2,64 %
25	126	126/7776 ≈ 1,62 %
26	70	70/7776 ≈ 0,901 %
27	35	35/7776 ≈ 0,450 %
28	15	15/7776 ≈ 0,193 %
29	5	5/7776 ≈ 0,064 %
30	1	1/7776 ≈ 0,013 %

Y aquí en forma gráfica, que es más intuitivo:

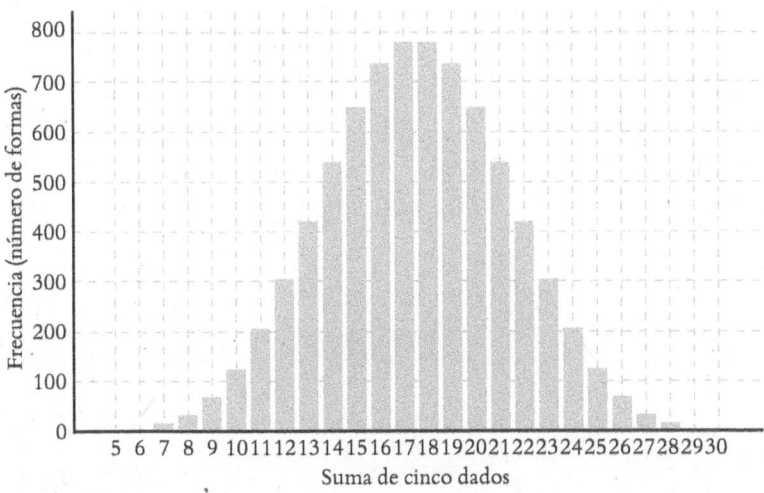

Distribución de sumas al arrojar cinco dados.

Con más dados observamos algo interesante. Ahora la suma más probable (los números 17 y 18) es considerablemente más probable que las menos probables (5 y 30): 780 veces más. Hay 780 maneras de obtener 17 o 18, pero solo 1 de obtener 5 o 30.

¿Qué esperaríamos que suceda con 100 dados? ¿Y con 1000 o 1 millón? En vista de lo anterior y de las leyes del azar, yo esperaría que la probabilidad más alta se fuera haciendo cada vez más probable respecto a las más bajas. O, lo que es lo mismo, que las faldas de la curva se estrechen y solo abarquen los números más cercanos a la suma más probable, con un pico central cada vez más prominente. Aquí está el resultado:

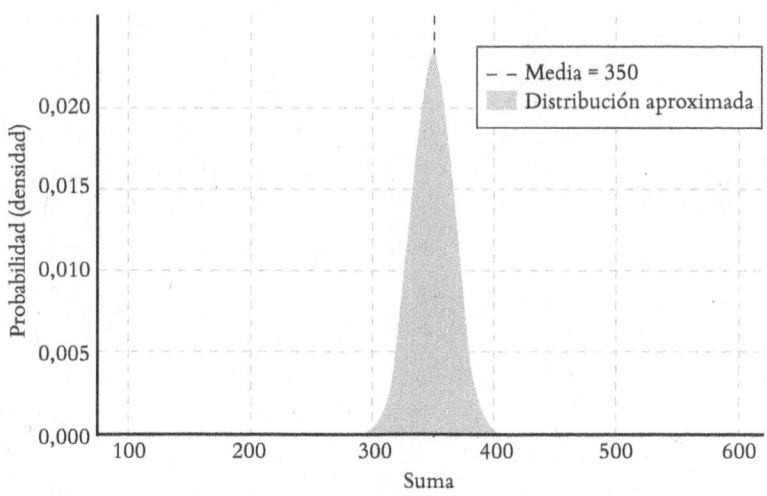

Histograma aproximado de la suma de 100 dados de 6 caras.

La suma más probable es 350 y su probabilidad (que es proporcional a su multiplicidad) es ahora muchísimo mayor que las menos probables. Observen que las sumas que dan menos de 300 o más de 400, aunque perfectamente posibles, ni siquiera se aprecian en el histograma a esta escala. Para todo fin práctico, esos estados tienen probabilidad igual a cero, pese a lo que diga mi tío conspiranoico. Con 1 millón de dados ya se imaginarán...

Recapitulemos: Boltzmann propuso que el estado de equilibrio y máxima entropía es simplemente el más probable, y redefinió la entropía de un estado macroscópico en función de su probabilidad (o de manera equivalente, del número de microestados que le corresponden). A mayor probabilidad, mayor entropía.[26] Así pues, el aumento de la entropía no es un capricho incomprensible de la naturaleza que haya que tragarse sin explicación. Es una propiedad trivial del azar y los grandes números. El estado que termina por imponerse es el más representado entre las configuraciones posibles de los átomos, una especie de democracia atómica.

En este ejemplo con dados, los estados son las sumas y las configuraciones son las maneras distintas de obtenerlas. Las tablas sugieren que, cuantos más dados haya, el estado más probable se irá haciendo abrumadoramente más probable que cualquier otro. Pero Boltzman no estaba pensando en cien dados con seis posibilidades cada uno, sino en 10^{27} átomos con un número enorme de posibilidades cada uno. Con esos números, como veremos, el estado de equilibrio, para todo fin práctico, se convierte en una certeza y lo difícil es explicar por qué el universo no está uniformemente en equilibrio.

El privilegio de respirar

He aquí una observación anodina: usted está respirando (sí, sí, no lo niegue). Cambie de sitio, vaya a sentarse en aquel sillón, que estará más cómodo. ¿Sigue respirando sin dificultad? Estoy seguro de que sí. Pruebe en todos los

---

[26] Nota técnica para *nerds*: la entropía S de Boltzmann está dada por $S = k \log W$, donde k es una constante, W es la multiplicidad del estado considerado —directamente relacionada con su probabilidad— y log es la función logaritmo natural.

sitios posibles de la habitación. Apuesto a que en ninguno se le dificultó seguir respirando.

El aire está hecho de partículas que chocan unas con otras, enviándose en todas direcciones sin orden ni concierto. Sin embargo, en todo punto de la habitación hay un suministro constante de moléculas de aire suficientes para que uno pueda respirar sin dificultad. ¿Por qué no hay huecos? ¿Quién mantiene el aire tan homogéneamente distribuido pese a lo caótico del movimiento microscópico?

Nadie.

Sucede natural y espontáneamente.

Las colisiones entre las moléculas del aire se distribuyen al azar por todo el espacio que podrían ocupar (la habitación donde usted lee). Si algo creemos saber del azar es que es caprichoso. ¿No podría, en sus caprichos, concentrar todas las moléculas del aire en un rincón del cuarto? Estrictamente hablando, sí que podría. Una pregunta más pertinente sería si tal cosa es *probable*. Pensémoslo así: en un volumen dado de aire, ¿cuánto tiempo tendríamos que esperar para que el azar concentrara todas las moléculas en la mitad del volumen? ¿Y cuánto duraría esta incómoda situación?

Pues bien, en 1 centímetro cúbico de aire las moléculas, moviéndose al azar, se comprimirán espontáneamente a la mitad en promedio una vez cada... no hay manera fácil de decirlo... Tomen el número 10 y multiplíquenlo por sí mismo 10 trillones de veces (10 multiplicado por sí mismo 10^{19} veces). Ese es el número de años que habría que esperar normalmente para que el aire de un centímetro cúbico de espacio se comprimiese espontáneamente a la mitad por las leyes del azar. Es un número absolutamente obsceno. La antigüedad del universo (10 multiplicado por sí mismo 10 veces) es igual a cero comparada con esta cantidad. «Pero aun así es posible», dirá, irrefrenable, mi tío conspiranoico. Y yo lo invitaría a apostar otra vez: apuesto 10 trillones de euros a que no veremos que esto suceda ni observando cada centímetro cúbico de esta habitación durante lo que le quede de existencia al universo.

Además del lapso que habría que esperar para ver comprimirse a la mitad un centímetro cúbico de aire podríamos preguntarnos cuánto duraría esta fluctuación (así se llama en estadística a las desviaciones del comportamiento medio). Se puede calcular que duraría la diezmilésima parte de un segundo. Nadie moriría sofocado en ese lapso.

En el caso de nuestro centímetro cúbico de aire, los cálculos se pueden abordar así: dividamos el volumen en dos e imaginemos cuántas moléculas hay de cada lado a cada instante. Cada una de las n moléculas (donde n es igual a unos 1000 cuatrillones) puede estar, sea de un lado, sea del otro. El problema es idéntico al de un tiro a cara o cruz repetido 1000 cuatrillones de veces. De n tiros a cara o cruz, ¿cuántos salen cara? y, sobre todo, ¿cuál es la probabilidad de que *todos* salgan cara (lo que equivale a que todas las moléculas estén de un mismo lado de la habitación)?

Hemos reducido el problema de la distribución de n moléculas en un centímetro cúbico de aire partido en dos al problema más intuitivo de n monedas lanzadas al aire. Y la respuesta a la primera pregunta es fácil: si las monedas no están trucadas, la mitad saldrá cara y la mitad cruz.

¿La mitad? Si hacemos solo 10 lanzamientos, ¿obtendremos exactamente cinco de cada clase? No. Esto es solo una tendencia estadística, un término medio, un «valor esperado». He aquí una secuencia de 10 lanzamientos que acabo de hacer (0 = cara, 1 = cruz):

0100111011

O sea, 4 caras y 6 cruces. El resultado se desvía de la media esperada, que sería 5 y 5. Es una fluctuación. Si en vez de 10 lanzamientos hago 100 o 1000 o 1 millón, sin embargo, la probabilidad de fluctuaciones disminuye y la de obtener una distribución equitativa aumenta hasta volverse casi una certeza. He aquí una tabla que tomo de un artículo de Ralph Baierlein.[27] Se muestra cómo aumenta con el número de lanzamientos la probabilidad de que cara y cruz estén equitativamente repartidas con una precisión del 1 %:

Tabla 4. Distribución de caras y cruces en *n* lanzamientos	
Número de lanzamientos *n*	**Probabilidad de que el número de caras difiera en menos de 1% de la mitad**
10	8 %
100	24,6 %
1000	24,8 %
10 000	68,3 %
100 000	99,8 %
1 millón	99,9999999999999999999985 %

[27] Véase Baierlein, 1994.

Con 1 millón de lanzamientos la probabilidad de que la distribución sea equitativa difiere tan poco de la certeza absoluta (100 %), que no hay duda razonable de que la mitad saldrán cara y la mitad cruz. Mi tío conspiranoico, que no quita el dedo del renglón, alegaría que aun así la probabilidad de una desviación no es nula, y tendría razón, pero ¿qué sentido tiene albergar esperanzas de que ocurra algo con una probabilidad de 0,000000000000000000015 %?

Volviendo a nuestras moléculas recluidas repentinamente en la mitad de la habitación, es fácil ver que si el número de moléculas fuese 10 o 100 o 1000 sí hay una probabilidad razonable de que no estén distribuidas homogéneamente en el cuarto (alrededor del 25 % según la tabla). Pero el número de moléculas de una habitación normal no se mide en cientos ni en miles, sino en miles de cuatrillones (1 000 000 000 000 000 000 000 000 000 = 10^{27}), o mil veces el número de estrellas que hay en los 2 millones de millones de galaxias del universo observable. La probabilidad de que mil cuatrillones de moléculas moviéndose al azar se concentren de un lado del cuarto es despreciable.

No va a suceder.

Podemos respirar con tranquilidad.

Gracias, probabilidad. Gracias, grandes números. Gracias, entropía.

Las Torres Gemelas

Imagínese las Torres Gemelas como una combinación de átomos distribuidos de tal manera que formen... pues eso: las Torres Gemelas. Podemos reordenarlos de muchísimas maneras diferentes sin que dejen de ser reconociblemente las Torres Gemelas. Puedo intercambiar las posiciones de dos átomos de hierro, o incluso de todas las parejas de átomos de hierro de las torres, sin que ese cambio en el estado microscópico altere visiblemente el estado macroscópico consistente en ser las Torres Gemelas. Hay una multitud inimaginable de configuraciones de esos átomos —lo que hemos llamado *microestados*— que son compatibles con el *macroestado* de Torres Gemelas. Llamemos W_T al número de maneras distintas de ordenar los átomos y moléculas sin perder las torres (a la multiplicidad, vaya).

Ahora imagínese los mismos átomos y moléculas, pero desordenados en un montón de escombros. También podemos reordenarlos de muchas maneras sin que dejen de ser un montón de escombros. Sea W_E el número de maneras de distribuir los átomos y moléculas y que sigan siendo reconociblemente un montón de escombros.

¿Qué número es más grande? Para ayudarnos a responder imaginemos que la madre del demonio de Maxwell toma esos materiales y los zarandea de modo que se redistribuyan totalmente al azar. Qué es más probable: ¿obtener las Torres Gemelas o una nueva pila de escombros? No es difícil convencerse de que el macroestado Torres Gemelas implica un tipo de orden especial de los átomos, orden que no está en el macroestado Montón de Escombros. Hay muchísimas más formas de ser un montón de escombros que de ser las Torres Gemelas porque el montón de escombros es menos restrictivo, menos ordenado. Podríamos pasarnos toda la historia del universo redistribuyendo esos átomos al azar sin obtener jamás nada que se parezca ni remotamente, ya no digamos a las Torres Gemelas, ni siquiera a una estructura cualquiera con un mínimo de orden y coherencia.

Esto me recuerda el vertiginoso cuento «La Biblioteca de Babel», del escritor argentino Jorge Luis Borges. La Biblioteca de Babel es infinita. Contiene todas las combinaciones posibles de las letras y los símbolos de puntuación, de modo que en sus anaqueles se encuentran todos los libros existentes, todos los libros posibles (en todas las lenguas), 1000 cuatrillones de copias de las obras completas de Shakespeare (Editorial Mono Books) y una cantidad infinita de «libros» que no son más que sucesiones de letras al azar. Estos son la abrumadora mayoría. En alguna parte de la biblioteca, sin duda, se encuentran, como dice el narrador de Borges,

> la historia minuciosa del porvenir, las autobiografías de los arcángeles, el catálogo fiel de la Biblioteca, miles y miles de catálogos falsos, la demostración de la falacia de esos catálogos, la demostración de la falacia del catálogo verdadero, el evangelio gnóstico de Basilides, el comentario de ese evangelio, el comentario del comentario de ese evangelio, la relación verídica de tu muerte, la versión de cada libro a todas las lenguas, las

interpolaciones de cada libro en todos los libros, el tratado que Beda pudo escribir (y no escribió) sobre la mitología de los sajones, los libros perdidos de Tácito.

Sin embargo, se puede uno pasar toda la vida sacando libros de los anaqueles sin encontrar jamás, en la infinita y aburrida sucesión de símbolos, ya no se diga una historia: ni siquiera una frase coherente, vamos, ni una *palabra*. Por eso los bibliotecarios (como llama Borges a los habitantes de la biblioteca) atesoran los muy eventuales libros que encuentran en los que se lee algo remotamente coherente. Hay un ejemplar que, tras una sucesión larguísima de incoherencias, contiene en la penúltima página la frase «Oh tiempo tus pirámides». No significa nada, pero los bibliotecarios veneran ese libro como a un símbolo religioso.

En la Biblioteca «cada ejemplar es único, irreemplazable, pero (como la Biblioteca es total) hay siempre varios centenares de miles de facsímiles imperfectos: de obras que no difieren sino por una letra o por una coma». Por lo tanto, me imagino yo, debe de haber cientos de miles de versiones reconocibles de *En busca del tiempo perdido*, por decir cualquier cosa, aunque cada versión sea ligeramente distinta. Podríamos decir que todos esos volúmenes «únicos, irreemplazables» que son consistentes con *En busca del tiempo perdido* son los microestados anónimos de un macroestado identificable: la novela de Proust. Si construyésemos la delirante mecánica estadística de la Biblioteca de Babel, podríamos deducir que los libros (macroestados) representados por más facsímiles (microestados) serían más fáciles de encontrar allí. Y podríamos asociarles una entropía de Boltzmann relacionada con esa multiplicidad. Pero no lo haremos. Basta de delirio.

He usado la caída de las Torres Gemelas como ejemplo de acontecimiento inconfundiblemente irreversible y ahora podemos entender por qué lo es. Interpretemos el ataque del 11 de septiembre como una redistribución al azar de los átomos que componían los edificios. Si se redistribuyen al azar, terminarán *sin remedio* en uno de los estados más numerosos de esa colección de átomos, que corresponden a montones de escombros. Ningún proceso de redistribución *aleatoria* permitirá recuperar las Torres Gemelas. Notemos que, como antes, no es imposible, es solo tan abrumadoramente improbable que sería una pérdida de tiempo contemplar siquiera la posibilidad.

La destrucción de las Torres Gemelas es irreversible porque el macroestado final es abrumadoramente más probable que el inicial. Resultado: el vídeo proyectado al revés parece absurdo. Sabemos de forma intuitiva que de un montón de escombros jamás obtendremos las Torres Gemelas mientras que de las Torres Gemelas es trágicamente fácil obtener un montón de escombros.

Capítulo IV

Dos incomprendidos que no se comprendían

Las primeras líneas de su *Autobiografía científica* dicen todo lo que se tiene que saber del carácter de Max Planck para entender la tragedia de su vida. Aclaro: la tragedia en el plano profesional, porque habría de ser la mala suerte de Planck que en su vida personal tampoco faltaran las tragedias.

> Mi decisión de dedicarme a la ciencia fue resultado directo de un descubrimiento que no ha dejado de llenarme de entusiasmo desde mi primera juventud: la comprensión del hecho nada evidente de que las leyes del razonamiento humano coinciden con las leyes que gobiernan las secuencias de impresiones que recibimos del mundo que nos rodea.[28]

---

[28] Véase Planck, 1990, p. 77.

Dicho de otro modo, el joven Planck se asombraba de que la mente humana fuese capaz de entender la naturaleza a fuerza de observarla. Añade:

> la razón pura permite al hombre[29] intuir el mecanismo [del mundo]. En tal conexión es de fundamental importancia que el mundo exterior sea algo independiente del hombre, algo absoluto, y la búsqueda de las leyes que rigen este absoluto me parecía la más sublime vocación científica en la vida.[30]

Es una idea romántica y hermosa: la ciencia como búsqueda de lo absoluto, un anhelo tanto espiritual como racional. La posibilidad de encontrar leyes universales independientes de las veleidades de la mente humana es un *leitmotiv* que se repite a través del tiempo entre quienes deciden en su juventud dedicarse a la física. Albert Einstein, veinte años más joven que Planck, escribiría casi lo mismo en sus propias *Notas autobiográficas,* publicadas el mismo año que las de Planck. En ellas confiesa su necesidad de liberarse de lo «meramente personal»,

> de una existencia dominada por deseos, esperanzas y sentimientos primitivos. Allá afuera había un mundo inmenso, que existe independientemente de los seres humanos y que se yergue ante nosotros como un eterno acertijo, al menos parcialmente accesible a nuestro escrutinio y pensamiento. La contemplación

---

[29] Al ser humano, se entiende. Eran otros tiempos.
[30] Véase Planck, *op. cit.*

de este mundo me atraía con su llamado como una liberación
[…]. La comprensión mental de este mundo extrapersonal en
el marco de nuestras capacidades se me presentaba […] como la
meta más elevada. El camino a este paraíso no era tan cómodo
ni atractivo como el camino al paraíso religioso, pero ha resultado confiable y jamás he lamentado haberlo elegido.[31]

Guardando las proporciones, muchos físicos de mi
generación elegimos esta vocación con el mismo des-
lumbramiento. Para mí, y algunos de mis compañeros
de promoción, la pasión dominante quizá no fue esa especie de veneración religiosa del absoluto que describen
Planck y Einstein, sino una abrumadora impresión de
belleza, pero en el fondo es lo mismo. Muchas personas
optan por la física movidas por una reacción emocional
a la ciencia.

En el Maximiliansgymnasium (*gymnasium* es el instituto, en Alemania) de Múnich, adonde la familia se mudó
en 1867 cuando Max tenía 9 años, el chico recibió una
excelente educación, sobre todo en física y matemáticas.
Muchos años después aún recordaría con emoción a un
profesor llamado Hermann Müller. Cuenta Planck que
Müller era «un hombre de edad madura de mente aguda
y gran sentido del humor, un maestro en el arte de hacer
a sus discípulos visualizar y entender el significado de las
leyes de la física». Una de esas leyes en particular deslum-
bró al joven Max:

---

[31] Véase Einstein, *Autobiographical Notes,* en Ferris, *op. cit.*

Mi mente absorbió con avidez, como si fuese una revelación, la primera ley que, a mi parecer, poseía una validez absoluta y universal, independiente de toda acción humana: el principio de conservación de la energía.[32]

Para ilustrar ese principio, el profesor Müller les contó un cuento a sus pupilos haciendo gala de arte narrativo, como al parecer era su costumbre: un peón levanta con esfuerzo un pesado tabique de piedra y lo coloca en un muro de la parte alta de una casa. Me imagino a Müller imitando las fatigas de esa acción, con profusión de bufidos y gruñidos y el rostro carmesí por el esfuerzo imaginario mientras sus discípulos se desternillan (la risa es buen recurso didáctico). Pasan siglos y un día el tabique se desprende y le cae encima a un pobre transeúnte. Digamos, para no herir susceptibilidades modernas, que el tabique le cae enfrente, dándole el susto de su vida. El profesor Müller explicaba que el trabajo que hizo el peón al alzar el tabique hasta su encumbrada posición se quedaba almacenado en forma latente todo ese tiempo, para manifestarse como energía de movimiento al precipitarse la piedra. La conservación de la energía era una ley inamovible de la naturaleza (y en los años 1880, muy reciente): la energía tiene muchos avatares y puede manifestarse, ora como uno, ora como otro, pero la cantidad total de energía permanece constante pase lo que pase, «independientemente de toda acción humana»: una verdad objetiva y eterna, como le gustaban al joven Max.

[32] Véase Planck, *op. cit.*

En su futuro, empero, acechaba el desengaño. Luego de tres años en la Universidad de Múnich, donde aprendió física experimental (la teórica era otra novedad de la época y aún no se impartía en cursos oficiales) y matemáticas bajo la tutela de tres profesores a los que también recordaría con emoción, Planck pasó a la Universidad de Berlín. Ahí enseñaban dos de los grandes físicos de la época: Hermann von Helmholtz y Gustav Kirchhoff, verdaderos monumentos vivientes de la física decimonónica.

Para mala suerte del joven, un gran físico no es por fuerza un gran instructor. Si uno quiere «aprender de los mejores» puede llevarse un chasco. De Helmholtz, Planck recordaría que «hablaba a trompicones y se interrumpía para buscar datos en su cuadernito; cometía errores de cálculo en la pizarra y nos daba la inequívoca impresión de que la lección lo aburría por lo menos tanto como a nosotros». Kirchhoff, por el contrario, preparaba sus lecciones tan meticulosamente, que resultaba árido y pedante. Planck no menciona a ningún otro docente de su paso por la Universidad de Berlín, pero no deben de haber sido muy memorables, puesto que narra que optó por estudiar por su cuenta.

En su búsqueda independiente de iluminación, no tardó en toparse con los trabajos de Rudolf Clausius. Nueva conmoción y renovado entusiasmo: Clausius se expresaba con lucidez (¿o será que el amor es ciego?) y al joven lector le gustó cómo formulaba «las dos Leyes de la Termodinámica», como escribe, con reverencia y mayúsculas. Para entonces, el joven ya se sentía con los arrestos para enmendarle la plana a Clausius aventurando un nuevo enunciado para resumir la esencia de la irreversibilidad. Clausius había propuesto este: «El calor no puede pasar espontáneamente de un cuerpo frío a uno caliente». Planck sugirió este otro: «El proceso de conducción del calor no puede revertirse completamente», y más adelante hizo su tesis doctoral sobre el aumento de la entropía.

«El efecto de mi tesis en los físicos de la época fue nulo», dice Planck en su autobiografía. Helmholtz no la leyó, Kirchhoff la detestó y Clausius ni siquiera le respondió los WhatsApp… bueno, no: lo que dice Planck es que el físico «no contestó mis cartas y no lo encontré en casa cuando traté de verlo en persona en Bonn». Este lamento se repite varias veces en su autobiografía. Hacia el final de su vida, Planck se consideraba a sí mismo un incomprendido (no un «genio incomprendido», Planck era demasiado modesto para eso, aunque nadie le habría negado el epíteto).

> Una de las experiencias más dolorosas de toda mi vida científica es que rara vez —si no es que nunca— he conseguido granjearme el reconocimiento universal por un resultado nuevo.[33]

Escribe Planck. Más adelante hay un fragmento que me encanta citar:

> Una nueva verdad científica no triunfa convenciendo a sus detractores y haciéndoles ver la luz, sino más bien porque, al cabo

---

[33] *Ibidem*, p. 81.

del tiempo, sus detractores se mueren y llega una nueva generación que se ha criado con esa idea.

No le falta razón. A veces la comunidad científica no se convence de un resultado que posteriormente se aceptará hasta que pasa por lo menos una generación. Al mismo tiempo, sí hay casos en los que la comunidad ha adoptado una teoría nueva sin que nadie tenga que morirse. Planck lo dice por amargado. Lo gracioso es que hay otro que podría haber escrito lo mismo (y, de hecho, lo escribió): Ludwig Boltzmann. Para hacer la historia más picante, el detractor obtuso que se negaba a ver la luz en este caso ¡era Max Planck!

Durante la mitad de su vida, Planck se opuso a la teoría cinética y a los métodos estadísticos de Boltzmann. No es que tuviese nada contra los átomos. Más bien se resistía a aceptar la irrupción del azar en las sacrosantas leyes de la física, especialmente en la segunda ley de la termodinámica, que en su opinión debería ser tan absoluta y universal como la primera ley y no simplemente un resultado estadístico. En un concurso entre la termodinámica clásica y la teoría cinética con sus hipotéticos átomos en movimiento, escribió Planck en 1897, la ganadora tendría que ser la termodinámica, y añadió que era más fácil y prometedor «suponer que la segunda ley es estrictamente válida (lo que sin duda la teoría cinética en su forma actual no puede demostrar)».

Para esa época, Boltzmann, cada vez más gordo, más miope y más neurasténico, se sentía solo contra el mundo en su lucha por los átomos, por la teoría cinética y por los métodos estadísticos. Maxwell, Clausius, Helmholtz y Loschmidt habían muerto. Parecía que Boltzmann era el último bastión de la hipótesis atómica y los métodos estadísticos. Así se consideraba él y así lo consideraban sus muchos detractores entre los científicos más jóvenes, seducidos por las ideas del físico vienés Ernst Mach. Mach era coetáneo de Boltzmann, y en su flamante faceta de filósofo (en física no había logrado gran cosa) propagaba la idea de que la física tenía que basarse estrictamente en observaciones, sin hacer el menor esfuerzo de conectarlas por medio de conceptos teóricos. Suponer que un acontecimiento es la causa de otro solo porque siempre lo antecede era pura metafísica. Si un gas se calienta y luego se expande, Mach prohibía afirmar que el calentamiento es la causa de la expansión. El físico de pureza machiana —y cada vez había más entre los jóvenes— tenía que limitarse a constatar la coincidencia sin osar ir más lejos que lo que dicen los datos. Así, Mach rechazaba la termodinámica y aún más la teoría cinética. En una discusión en 1897 exclamó públicamente que no creía en la existencia de los átomos, y cuando alguien se los mencionaba, le espetaba: «¿Los has visto?».

Entre los antagonistas de Boltzmann se encontraban los llamados «energetistas». Azuzados por un químico, amigo de Boltzmann, llamado Wilhelm Ostwald, los energetistas sostenían que todo en física se puede explicar por medio de la energía. La entropía y la segunda ley de la termodinámica estaban de más. Los átomos eran innecesarios. Es más, Ostwald publicó un manual de química en el que no menciona los átomos ni las moléculas... ¡y era 1892, no 1700! Los energetistas se proclamaban hijos de Mach, aunque este no reconocía su paternidad.

En esta discusión —de un lado el corpulento y cada vez más viejo Boltzmann y del otro los científicos jóvenes deslumbrados por Mach— Planck se puso del lado de Boltzmann. Se oponía a sus métodos estadísticos, pero se oponía todavía más a Ostwald, con quien había intercambiado muchas cartas. La idea de que todo se podía explicar a partir exclusivamente de la energía era absurda: la energía no basta para explicar la irreversibilidad ni la segunda ley. Hace falta por lo menos una magnitud adicional: la entropía.

Boltzmann, empero, no le agradeció el gesto. Quizá recordaba una de las críticas más recientes a su teorema H, lanzada por el joven Ernst Zermelo, alumno y ayudante de Planck. Zermelo se había apoyado en un teorema matemático demostrado recientemente por Henri Poincaré en Francia para revivir la crítica usual: no es posible demostrar la irreversibilidad a partir de leyes reversibles. Notablemente fastidiado, Boltzmann envió una carta sarcástica y malhumorada a la revista *Nature*, la que había publicado la crítica de Zermelo. En la carta decía que su joven crítico, y quien lo apoyase, no habían entendido nada, para variar. Sí, la entropía vista estadísticamente puede diminuir por sí sola pero, por enésima vez, la probabilidad de ello siempre será tan diminuta, que no tiene caso molestarse en considerarla siquiera. Boltzmann escribía que Zermelo era como un necio que lanza mil dados, y al ver que nunca caen todos en 1 —acontecimiento posible, pero avasalladoramente improbable— concluye que los dados están amañados. Por supuesto, Zermelo no era el único destinatario de estos sarcasmos.

Planck entendía el mal humor del físico austriaco.

Boltzmann sabía muy bien que mi punto de vista era básicamente distinto del suyo. Le fastidiaba en particular mi indiferencia y hasta cierto grado hostilidad hacia la teoría atómica [...]. El motivo era que en aquel tiempo yo consideraba que el principio de aumento de la entropía era tan inmutablemente válido como el propio principio de conservación de la energía, mientras que para Boltzmann el primero era solo una ley de probabilidades —en otras palabras, admitía excepciones—.[34]

Boltzmann siempre habría de referirse a Planck con fastidio, tanto en sus publicaciones como en su correspondencia con él. Pero en sus últimos años sucedió algo que le hizo cambiar de opinión: que, contra toda expectativa, Planck cambió de opinión respecto a los métodos estadísticos.

Un acto de desesperación

Para cambiar de sentir respecto a Boltzmann y sus métodos Planck no tuvo que morirse, pero casi.

Su interés en la termodinámica clásica y en la entropía lo había llevado a interesarse en un fenómeno bien

---

[34] *Ibidem.*

conocido y hasta cotidiano, pero que nadie había expresado en el lenguaje de la física hasta que lo analizó Gustav Kirchhoff en 1859. El fenómeno se conoce como radiación térmica. Está relacionado con ese calorcillo que despiden las cosas calientes, tibias (e incluso frías) —un muro iluminado por el sol, un congénere— y también con la luz que irradian los rescoldos, la lava candente, los metales incandescentes y las estrellas. Kirchhoff ideó una manera de cuantificar el fenómeno en términos de la capacidad de los cuerpos de absorber y emitir calor por radiación. Luego inventó un caso ideal (a los físicos nos encantan los casos ideales porque nos ayudan a estructurar nuestras ideas): el de un cuerpo capaz de absorber toda la radiación que incide sobre él.

Cuando un cuerpo absorbe toda la luz que incide sobre él decimos que es negro. El ideado por Kirchhoff era negro en un sentido total: no absorbía únicamente la luz visible, que no es sino uno de los muchos tipos de radiación electromagnética que existen, sino *toda* la radiación, incluyendo los rayos infrarrojos y ultravioletas que se conocían desde principios del siglo XIX. Kirchhoff demostró que las características de la radiación térmica que emitía un cuerpo no dependían en absoluto del material del que estuviese hecho, sino únicamente de la temperatura. En la cavidad de un horno al rojo vivo, tanto las paredes del horno como los objetos que contiene despiden la misma luz. Por eso el ojo distingue con dificultad objetos individuales en el resplandor general de un horno al rojo vivo. La radiación térmica los hace a todos iguales.

Cuando Kirchhoff publicó estas reflexiones, Planck tenía apenas un 1 año de edad, pero cuando alcanzó la edad adecuada se dio cuenta de que la radiación térmica (más concretamente, su composición de colores)

> representa algo absoluto, y como a mí siempre me había parecido que la búsqueda de lo absoluto era el objetivo más noble de toda actividad científica, me puse a trabajar con tesón.[35]

Para entonces el estudio de la radiación térmica había avanzado mucho en el plano experimental. Se tomaba un material, se calentaba a distintas temperaturas y se usaban aparatos recién inventados para analizar los colores de la luz que emite —digamos mejor las longitudes de onda de la radiación que emite—. La radiación electromagnética está compuesta de ondas y las ondas se caracterizan por la distancia entre una ondulación y la siguiente (o equivalentemente por su frecuencia de vibración). La radiación térmica de un cuerpo a cierta temperatura contiene radiación de muchas longitudes de onda (en cristiano: la luz está compuesta de muchos colores). Unas están presentes con más intensidad, otras con menos, como los sabores de los ingredientes de un guiso. Los físicos se interesaban en medir la intensidad o energía de cada longitud de onda, lo que equivale a las cantidades de cada ingrediente indicadas en la receta. Esta lista de ingredientes de la radiación se

---

[35] *Ibidem*, p. 82.

conoce como densidad espectral. Para simplificar haremos como Planck y diremos «espectro».

Para 1897, las mediciones del espectro de la radiación térmica ya eran muy precisas. El fenómeno se entendía a la perfección... empíricamente.

Los resultados experimentales se resumían así: a cada temperatura le corresponde una curva diferente, pero las curvas son idénticas salvo por la escala vertical. Tienen un pico a cierta longitud de onda y faldas que descienden más o menos abruptamente para las longitudes mayores y menores. Conforme aumenta la temperatura, el pico de la curva se va desplazando hacia longitudes de onda menores. Muy bien. Bonita *descripción*, pero no es más que eso: una descripción del fenómeno. ¿Qué sucede físicamente? ¿Qué mecanismo fundamental explica la forma del espectro térmico?

Nadie lo sabía, incómoda situación para todo físico que se respete (como nuestro Planck). Y no era por falta de intentos: unos invocaron la termodinámica para dilucidar el mecanismo de la radiación térmica (después de todo, por algo era térmica) y otros la teoría electromagnética de Maxwell (después de todo, por algo era radiación). Boltzmann usó un resultado de Josef Stefan y sacó algunas cosas en claro. Algunos físicos experimentales se aventuraron a forjar artificialmente expresiones matemáticas que aproximaban el comportamiento observado, pero estas soluciones *ad hoc* no podían ser la última palabra, primero porque seguían siendo meramente descriptivas (no explicaban nada) y segundo porque no reproducían a la

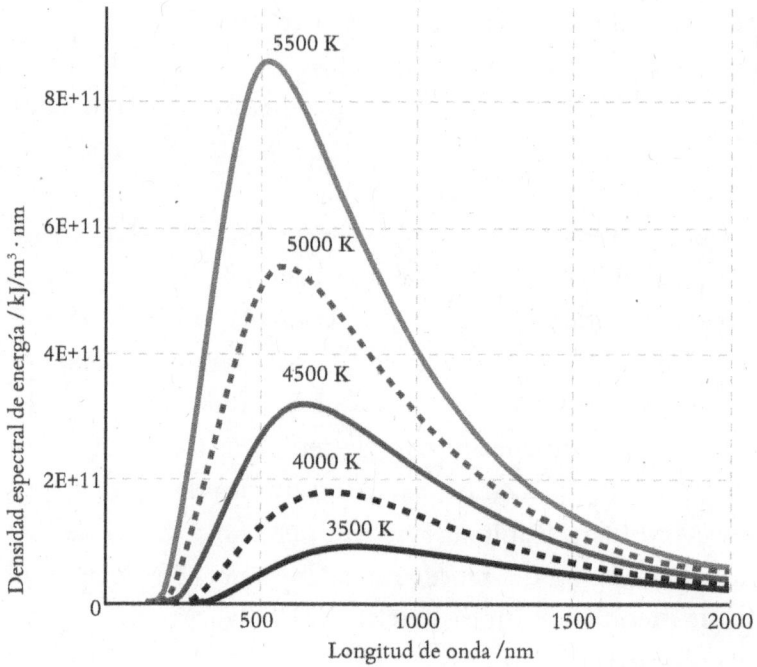

Espectro de la radiación térmica a distintas temperaturas. Salvo por la escala, las curvas son idénticas: cada una tiene un pico a cierta longitud de onda y faldas que decaen hacia las más altas y más bajas. Nótese que los picos se van desplazando hacia longitudes de onda menores conforme aumenta la temperatura.

perfección los resultados experimentales. Cierta expresión matemática funcionaba bien en el régimen de longitudes de onda grandes, pero al disminuir la longitud de onda, teoría y realidad se apartaban como los caminos al cielo y al infierno. Cierta otra (de Wilhelm Wien) casi daba en el clavo. Parecía que se ceñía a la curva experimental como perro a su amo en todo el intervalo de longitudes de onda. Planck llegó a pensar que esta expresión era la definitiva.

En 1899, O. Lummer y E. Pringsheim refinaron sus observaciones experimentales y vieron que la ecuación de Wien se apartaba ligera pero notablemente de la realidad en la zona de longitudes de onda pequeñas. Planck decidió abandonar la expresión de Wien y construir su propia fórmula matemática para el espectro térmico, aunque tuviese que empezar de forma tan artificial como los demás (ya después se ocuparía de justificarla físicamente).

Max Planck siempre se sintió muy solo en su interés en la entropía y la segunda ley de la termodinámica, pero cuando atacó el problema de construir una expresión mejor que la de Wien, la maldición de encontrarse en terreno despoblado se trocó en bendición. Mientras todos batallaban con el problema de la radiación térmica intentando relacionar la energía de cada longitud de onda con la temperatura del cuerpo emisor, Planck tomó el camino de relacionarla con la entropía y así pudo trabajar tranquilo sin temor a que otros se le adelantaran. Esa es la ventaja de ser un ermitaño, que uno no tiene competidores.

Después de mucho bregar, construyó, a partir de la entropía, la expresión matemática más sencilla posible que se ajustaba a las observaciones experimentales por los dos extremos de longitud de onda. Estrictamente hablando, la fórmula era un paso intermedio antes de calcular una expresión para el espectro de marras, pero da igual porque de una a otra expresión solo hay un paso. ¿Funcionaría? Planck presentó su nueva versión del espectro de la radiación térmica en la sesión de la Sociedad Física de Berlín del 19 de octubre de 1900.

A la mañana siguiente vino a verme mi colega [Heinrich] Rubens. Venía a decirme que, tras la sesión, había verificado esa misma noche mi fórmula con los resultados de sus mediciones y había encontrado una concordancia satisfactoria en todos los puntos [...]. Posteriormente, mi fórmula se confirmó una y otra vez; cuanto más fino el método de medida, más exacta resultaba la fórmula.[36]

Muy bien, la fórmula funcionaba con un tino asombroso. Pero en la medida en que Planck la había construido ex profeso para ajustarse a los resultados experimentales sin enrollarse con causas físicas profundas, seguía siendo una simple descripción que no explicaba nada. Semejante situación era intolerable para un purista de la física teórica como Planck, quien en su *Autobiografía científica* escribió:

Aun aceptando la absoluta validez de la fórmula, en tanto no pasase de ser un resultado obtenido a partir de una conjetura afortunada, no podía tener más que un significado formal. Por eso, el mismo día en que formulé esta ley me entregué a la labor de imbuirla de un verdadero significado físico.[37]

Para esto, como menciona en seguida, se interesó en la relación entre la entropía y la probabilidad: el territorio de Boltzmann. Henos aquí en el momento tremendo en que Planck se da cuenta de que interpretar su «fórmula»

[36] *Ibidem*, p. 83.
[37] *Ibidem*.

del espectro de la radiación térmica exige el tratamiento boltzmaniano que tanto había rehuido. Como escribiría más tarde en una carta: «fue un acto de desesperación […]. Estaba dispuesto a sacrificar todas mis convicciones anteriores acerca de las leyes de la física».[38]

Ironías de la vida, en ese lance Planck ideó otra ecuación célebre, que relaciona la entropía S con el logaritmo de la probabilidad W y con una constante natural denotada por k. Quedaría así: $S = k \log W$. La ironía del asunto es que hoy todo el mundo conoce esa ecuación como «la ecuación de Boltzmann» y la constante k como «constante de Boltzmann». Es verdad que todo esto estaba implícito en el trabajo del físico vienés, pero dejémoslo claro: Boltzmann jamás escribió $S = k \log W$. Golpe de gracia para Planck:[39] vayan a ver una foto de la tumba de Boltzmann y observen qué pone exactamente sobre el busto del difunto. Con razón Planck adopta ese tono quejica en su autobiografía.

Pese a sus lamentos, hay un resultado de su trabajo que sí se le reconoce universalmente, y que es el motivo de que le dedique yo tantas páginas en un libro sobre la entropía. Para obtener su fórmula del espectro térmico —fenómeno universal que aún tenía la esperanza de explicar por medio de la física tradicional— Planck empezó por relacionar la energía de la radiación que emiten los cuerpos con su entropía. Luego, para imbuirla de significado físico no vio más remedio que emplear los métodos

[38] Véase Johnson, 2018, p. 95.

[39] Me niego a usar su nombre como onomatopeya de un porrazo. No insistan, no lo haré.

estadísticos y probabilísticos de Boltzmann. Esto lo condujo a una hipótesis tremenda (cuán tremenda no lo supo nadie —¡ni siquiera Planck! — hasta unos años después): que la materia y la luz intercambian energía en trocitos irreducibles —como por ráfagas en vez de oleadas—, trocitos que Planck llamó más tarde *cuantos* (de la palabra latina *quantum*, que sugiere la idea de 'tanto', 'paquete' o 'porción').

La hipótesis es tremenda porque, en primer lugar, es por completo ajena a la física cotidiana: uno no ve que un coche adquiera energía a tirones, saltando instantáneamente de 20 kilómetros por hora a 40 sin pasar por las velocidades intermedias. Tampoco observamos que el movimiento de un péndulo se amortigüe a saltos. Desde Newton hasta la fatídica fecha de la segunda presentación de Planck ante la Sociedad Física de Berlín, en diciembre de 1900, la física describió variables que cambian suavemente, sin brincos. La capacidad de predecir, tan importante para la física, se predicaba sobre la idea de que las causas y sus efectos no hacen saltos. La continuidad es la sustancia misma de la física clásica.

Sin embargo, el éxito del espectro de Planck solo se podía explicar abandonándola (por el momento, solo para describir la interacción entre radiación y materia). Las consecuencias tardaron en hacerse sentir, aunque causaron molestia desde el principio. El mismo Planck se resistió durante muchos años a aceptar la «cuantización de la energía» como algo más que un truco de cálculo, y en su

Autobiografía científica cuenta que para algunos de sus colegas la aparición de la discontinuidad fue una tragedia.

Para tragedias, ¿qué tal esta?: el trabajo de Planck tomó poco después derroteros inesperados. En manos de Einstein, primero, y luego de Bohr, Schrödinger, Heisenberg y otros, la discontinuidad dio lugar a la mecánica cuántica, la cual no solo generalizó este concepto en los procesos físicos (¡la pixelación de la naturaleza entera!) sino que enarboló como estandarte y principio fundamental la probabilidad y la incertidumbre que la acompaña. Cuando Planck renunció al anhelo de absolutos y empleó la definición estadística de la entropía de Boltzmann para explicar el espectro de la radiación térmica, estaba preparando sin saberlo la demolición de su amada física clásica.

Esa es otra historia: la de la física cuántica. Aquí añadiré nada más que, entre 1900 y su muerte inesperada en 1906, Boltzmann dejó de ver con malos ojos a Planck. Qué bueno. Sería feo que hubieran seguido enemistados puesto que, si Planck es el padre de la física cuántica, podríamos decir que Boltzmann es el abuelo.

Exit Boltzmann

Max Planck y Ludwig Boltzmann tendrían que haber sido buenos amigos. Aunque el austriaco era catorce años mayor, tenían en común la pasión por la física y la música. Ambos eran hábiles pianistas. Uno se imagina qué hermosas piezas habrían podido tocar a cuatro manos.

Pero Boltzmann padecía neurastenia, aquel trastorno mental causante de depresión y ansiedad, que se reflejaba en su beligerancia con sus críticos y en la indecisión que lo agobiaba cuando le ofrecían puestos académicos o invitaciones. Quizá también se reflejaba en su torpeza en situaciones sociales. En cierta ocasión fue a Berlín a negociar los términos de un puesto académico que le ofrecía la universidad de esa ciudad. En una cena con Hermann von Helmholtz y su esposa cogió el tenedor equivocado ante las miradas de horror de sus anfitriones. Anna Helmholtz le dijo: «*Herr* Boltzmann, usted jamás encajará en Berlín». La verdad es que, encajar lo que se dice encajar, Boltzmann no encajaba más que en su casa, con su amada Henriette y sus hijas.

A su desequilibrio mental hay que añadir el asma incipiente y una miopía que empeoraba a ojos vistas (nunca peor dicho). Hacia sus 60 años se sentaba al piano con varios pares de gafas encimados para poder leer la partitura y batallaba para mantenerse al día en física porque no podía enterarse de las novedades sin la ayuda de alguien que le leyese los artículos. Cuando se fue de vacaciones a la costa del Adriático con Henriette y sus hijas en el verano de 1906 estaba hecho una piltrafa emocional. Una piltrafa muy corpulenta.

La víspera del retorno a Viena, Ludwig Boltzmann esperó a que Henriette y sus hijas se fueran a la playa, subió a la planta alta, ató una cuerda a una ventana, hizo un lazo, se lo echó al cuello y se dejó caer. La cuerda resistió.

Capítulo V

Entropía es libertad

Como buen físico, Dan Styer es capaz de sacar conclusiones profundas de las observaciones más anodinas, como cierta vez que reparó en el recipiente de la vinagreta. Ahí estaba la vinajera olvidada en un anaquel, con sus dos capas bien separadas, aceite arriba, vinagre abajo, en perfecto equilibrio.

Quien dice equilibrio dice entropía máxima, y quien dice entropía dice *desorden*. Lo he sugerido en el apartado sobre la caída de las Torres Gemelas. Los estados de mayor entropía son más desordenados porque seleccionan sus microestados de un *stock* más numeroso y abigarrado.

Dan Styer conocía bien la relación entre entropía y desorden. Cuando vio la vinajera se dijo que algo andaba mal: una vinagreta separada en dos capas parece una cosa más ordenada que una vinagreta recién agitada con los ingredientes momentáneamente revueltos. Y sin embargo las dos capas corresponden por fuerza a un estado de mayor entropía, puesto que son lo que se obtiene al cabo del tiempo si se agita la vinagreta y luego se la deja cumplir en paz la segunda ley de la termodinámica.

Styer concluyó que se incurre en un equívoco si se identifica sistemáticamente entropía con desorden, y propuso este experimento: extraiga un cubo de hielo de la nevera y déjelo a la intemperie. El cubo pasa de un estado de hielo homogéneo (muy ordenado, se podría pensar) a uno de mezcla de hielo y agua (desordenado, ¿no?) y luego a un estado final de agua líquida, tan homogénea y ordenada como el hielo inicial. Y sin embargo en este proceso la entropía no ha hecho más que aumentar. Por tanto, no siempre es cierto que a más entropía más desorden.

Si fuese cierto, mi vida sería más fácil porque este libro podría reducirse a enunciar esa equivalencia y poner muchos ejemplos. Pero para representar este concepto tan abstracto y multifacético desde todos sus ángulos no basta un aforismo como «la entropía es el desorden». Por eso proliferan las metáforas para describirlo. Por ejemplo, la entropía es:

- el grado de dispersión de la energía (las toallas de Feynman de más arriba),
- la falta de disponibilidad de la energía para realizar trabajo,
- la degradación de la energía,
- el desorden,
- la desgana de la naturaleza,
- el sargazo en el mar de la energía,
- el colesterol del cosmos.

Las tres últimas me las he inventado yo, pero da igual: ninguna ofrece una idea completa de la entropía; solo dan atisbos, destellos cubistas; la del desorden, en particular.

Styer señala que «desorden» es un término mal definido. Lo que a unos les parece ordenado a otros les parece caótico. En las pinturas de Jackson Pollock unos críticos creen vislumbrar estructura y otros ven solo un batiburrillo. Por si fuese poco, «desorden» es un término con fuerte carga emocional y moral. El desorden nos parece a veces bueno y a veces malo, subjetivamente. Lo que sí sería malo es juzgar situaciones físicas como «malas» o «buenas» sobre la base de una variable física como la entropía. Nadie negará que es bueno que el aire esté homogéneamente distribuido y lo podamos respirar; en cambio casi todos juzgamos malo el estado que resulta de morirse... y, sin embargo, ambos son estados de alta entropía. Mejor no meter el bien y el mal en nuestras descripciones de la naturaleza.

Pero lo peor de identificar la entropía con el desorden, en opinión de Styer, es que conduce a otro equívoco más sutil. Para explicarlo, pone a nuestra consideración esta mano de póker:

$$2\clubsuit \ 4\diamondsuit \ 6\heartsuit \ 8\spadesuit \ 10\clubsuit$$

Tiene un orden, ¿no dirían ustedes? Los números son los cinco primeros números pares. Sin embargo, en el póker esta mano no vale nada. ¿Cómo se atribuye valor a una mano de póker? Se podría pensar ingenuamente que la más valiosa es simplemente la menos probable, hasta que uno se da cuenta de una cosa: si las cartas están bien barajadas, *todas las manos son igual de probables*.

En efecto, cualquier mano es una combinación de cinco cartas tomadas al azar de entre 52 valores posibles. Se puede calcular que hay 2 598 960 maneras de formar manos de 5 cartas tomando de un pozo de 52, y cada una de ellas tiene la misma probabilidad de salir (o sea, 1/2 598 960). ¿Por qué, entonces, una mano que contiene una escalera real vale más que otra que contiene tan solo una pareja?

Porque lo que *no* es igual de probable es la *clase* a la que pertenece —pareja, trío, póker, escalera y demás—. De las 2 598 960 manos posibles, la friolera de 1 098 240 contiene alguna pareja, pero solo 4 son escaleras reales. ¿Les recuerda algo? Espero que sí: el estado de un gas y sus múltiples microestados. En un gas, los microestados son todos igual de probables, en cambio, los estados macroscópicos no: como hemos visto, estos son más probables cuanto más numerosos sean los microestados compatibles con ellos. En el póker, las manos individuales son todas igual de probables, en cambio, las clases de mano no: estas serán más probables cuanto más numerosas sean las manos individuales compatibles con ellas. Boltzmann identificó la probabilidad de un estado con su entropía y nosotros podríamos hacer lo mismo en el póker.

La probabilidad de las distintas clases de manos según el número de maneras de obtener cada una se puede calcular con las reglas de la combinatoria. Aquí está la clasificación en orden de probabilidad creciente:

Tabla 5. Probabilidad de obtener cada mano de póker		
Clase de mano	**Maneras de obtenerla**	**Probabilidad**
Escalera real	4	0,000154 %
Póker	624	0,024010 %
Full house	3744	0,144058 %
Trío	54912	2,112845 %
Doble pareja	123552	4,753902 %
Pareja	1098240	42,256903 %
Nada	1302540	50,117739 %

Si asociamos una entropía de Boltzmann a cada clase de manera que, a mayor probabilidad, mayor entropía, vemos que la máxima entropía corresponde a las manos que no valen nada. En México llamamos «pachuca» a esas manos. Observen que sale la mitad de veces (probabilidad: 50 %).

Volvamos a la mano de números pares de Styer: 2♣ 4♦ 6♥ 8♠ 10♣. Pese al orden matemático evidente, esta configuración pertenece a la clase más populosa de todas: pachuca, o nada de nada, con 1302540 maneras de realizarse. He aquí la sutileza a la que se refiere Styer en su crítica de «desorden» como sinónimo de entropía: la palabra desorden «nos invita a pensar en una configuración individual en vez de en una clase de configuraciones».[40] Esta mano individual nos parece muy ordenada y, por lo tanto, podríamos sentirnos tentados a asignarle baja entropía, *pero una mano individual no puede tener entropía por sí misma*

[40] Véase Styer, 2000.

de la misma manera que los microestados de un sistema físico no tienen entropía por sí mismos. Lo que la tiene es la clase, el «macroestado». Ahora bien, 2♣ 4♦ 6♥ 8♠ 10♣ es miembro de la clase de *mayor* entropía en el juego. Entropía y desorden no son sinónimos.

Dicho lo cual, Styer no exige proscribir esta analogía. Es muy útil en un gran número de situaciones. Más bien recomienda complementarla con otra: entropía es libertad.

La idea es esta: cuando hay más entropía, hay más microestados de donde elegir y, por tanto, más libertad. En el póker, la libertad de formar escaleras reales se reduce a 4 posibilidades, en cambio, la de formar una pareja ofrece más de un millón de alternativas. Así pues, a más entropía, puede que haya más desorden, pero sobre todo hay más opciones.

El medio no es el mensaje

En 1930, cuando tenía 13 años, Claude Shannon, del poblado rural de Gaylord, Michigan, participó en un concurso organizado por los *Boy Scouts*. Consistía en «hablar código Morse con el cuerpo».[41] El participante tenía que hacer señales en código Morse —el alfabeto de dos símbolos de los telegrafistas— agitando con las manos una banderita. Los jueces evaluaban la rapidez y la claridad del mensaje.

[41] Véase Soni y Goodman, 2017.

Estas dos cualidades son opuestas: la rapidez exige transmitir más símbolos en menos tiempo, la claridad requiere que los símbolos se distingan unos de otros. Cuando hablamos demasiado rápido, las palabras se agolpan y nadie nos entiende. Esto ocurre en cualquier tipo de comunicación: al hablar y al hacer aspavientos desde lejos con una banderita, sí, pero también cuando transmitimos señales por cables eléctricos u ondas de radio. El canal de comunicación solo puede transmitir claramente un número limitado de símbolos por segundo. Si hay ruido o interferencia es peor. En un bar bullicioso hablamos fuerte y despacio para hacernos entender (y ayudándonos con ademanes y gestos que repiten el mensaje para evitar malas interpretaciones). En una línea telegráfica submarina de miles de kilómetros de longitud, los puntos, rayas y espacios de un telegrafista apurado se amontonan y se embrollan, además de atenuarse con la distancia hasta no ser más que una vocecita apagada que murmura incoherencias. Claude ya lo sabía a los 13 años porque, agitando su banderita con movimientos precisos y acompasados, consiguió transmitir mensajes con más claridad y rapidez que sus contrincantes.

Unos años antes, Claude había convertido la cerca de alambre de púas que corría entre las granjas y casas de Gaylord en una línea de transmisión de señales telegráficas para comunicarse con un amigo suyo que vivía en la granja vecina. Quizá el día del concurso corrió a su casa a conectar su pila eléctrica e interruptor para anunciarle a su amigo que había logrado el primer lugar en el concurso.

Parece de película: el chico que en la niñez construyó su propio sistema de telégrafo y en la adolescencia ganó el primer premio en un concurso de comunicación, publica a los 31 años un artículo titulado «Una teoría matemática de la comunicación», que trata de la transmisión de datos y el significado de «información» en telecomunicaciones. El artículo trascenderá el mundillo de la compañía telefónica en el que nació e inaugurará la «era de la información» —la de los ordenadores, los teléfonos inteligentes, la comunicación instantánea mundial y gratuita, las redes sociales, los videojuegos, los pagos electrónicos, las películas en *streaming*, la inteligencia artificial... casi nada—. Por ahora no hay película, solo un documental dirigido por Mark Levinson y titulado *The Bit Player*. Hollywood se lo pierde. Shannon es un personaje irresistible: un genio tímido, pero no arisco, con un fino sentido del humor una vez se le conocía, un amante del jazz que acostumbraba a pasearse por los pasillos del laboratorio haciendo malabares en monociclo y recorría los senderos exteriores en palo saltarín, dejando marcas en el polvo como los puntos de un mensaje telegráfico.

Shannon trabajaba en los Laboratorios Bell de la compañía telefónica y telegráfica Bell System. La institución, que originalmente fue el departamento de investigación de la Western Electric, se dedicaba desde finales del siglo XIX a la innovación en telecomunicaciones, que en esa época no se llamaban así y solo incluían el telégrafo y el teléfono. El teléfono codificaba las ondas sonoras de la voz en forma de ondas eléctricas analógicas; el telégrafo codificaba mensajes en forma de pulsos eléctricos en grupos que representaban las letras del alfabeto: el metaalfabeto de puntos, rayas y espacios del código que perfeccionó Samuel Morse, y que se usaba desde 1851.

Las señales eléctricas de telégrafo y teléfono se distribuían por medio de cables conductores. Para 1948, año en que Shannon publicó su célebre artículo, la compañía Bell System había tendido 220 millones de kilómetros de cable por todo Estados Unidos, y no pensaba perder ni un centavo de su inversión: había que usar la red de la manera más eficiente posible para hacerla más redituable.

Un cable no es un conducto pasivo. La señal, a su paso por él, está sujeta a distorsiones debidas a campos magnéticos de otros cables, a tormentas eléctricas, a tormentas solares, a fugas de electricidad. Añádase que la señal se va debilitando con la distancia porque el material del cable absorbe parte de la energía y se calienta. El resultado es que un mensaje enviado por cable no puede recorrer grandes trechos sin atenuarse y degradarse como un grito en la lejanía, problema técnico que causaba dolores de cabeza a los ingenieros desde que se tendió el primer cable transatlántico, en 1858.

A bordo de uno de los barcos que recorrieron el Atlántico en direcciones opuestas entre Irlanda y Terra Nova depositando en el lecho marino un grueso cable de cobre y hierro forrado de gutapercha iba William Thomson, el físico que contribuyó a caracterizar la irreversibilidad termodinámica al mismo tiempo que Rudolf Clausius. Thomson acompañaba a la expedición como consejero científico y experto en transmisiones eléctricas y cables sumergidos (desde 1851 había uno que cruzaba el Canal de la Mancha). Antes de embarcarse, había realizado experimentos que demostraban que el tiempo que tarda en llegar un mensaje aumenta con la longitud del cable y que la señal se atenúa con la distancia. Los efectos no se notaban mucho en los 40 kilómetros del cable que comunicaba a Francia con Inglaterra, pero entre Irlanda y Terra Nova mediaban 3000 kilómetros. Para garantizar la integridad de los mensajes a esas distancias había que abordar el asunto sin escatimar en recursos: el cable tenía que ser tan grueso como fuese posible y estar bien aislado en toda su longitud, y los instrumentos de detección de señales habían de ser los más sensibles que permitiese la técnica (por ejemplo, el galvanómetro de espejo que inventó Thomson, pero no hay que pensar mal: el científico no cobró ni un céntimo por participar en la expedición).

La empresa estuvo plagada de contratiempos. El más grave fue la enemistad entre Thomson y el técnico jefe de la expedición, Edward Whitehouse, cirujano retirado metido a electricista que desconfiaba de los académicos y tenía sus propias ideas. Según Whitehouse, la calidad de una señal de larga distancia se podía mantener simplemente incrementando la intensidad de la corriente eléctrica en el cable, lo que equivale a gritar para hacerse oír, una estrategia de fuerza bruta y, sobre todo, más barata que la del físico. En uno de sus múltiples intentos de sabotaje, Whitehouse inyectó en el cable una corriente demasiado intensa y lo achicharró (al cable, no a Thomson, aunque este debió de haber ardido de rabia y frustración). Garantizar la integridad de un mensaje transatlántico no era solo cuestión de gritar.

La corriente eléctrica no es el mensaje.

Para la época en que Claude Shannon llegó a los Laboratorios Bell el campo de las telecomunicaciones se había ampliado para incluir la transmisión de señales por ondas de radio —telegrafía y telefonía sin hilos, y los nuevos medios, radio y televisión—. La primera llamada telefónica entre continentes con ondas de radio ocurrió un año antes del nacimiento de Shannon, durante la Primera Guerra Mundial, cuando un equipo de Bell dirigido por Ralph Hartley, a quien Shannon reconocería como una influencia importante en su trabajo, puso a prueba unos receptores ultrasensibles organizando la transmisión de una llamada entre Estados Unidos y Francia. Para ello, Hartley y sus colaboradores usaron la antena más alta de Europa, encaramada en la punta de la Torre Eiffel. A la hora señalada —y con los minutos muy restringidos por causa de la guerra— se oyó en lo alto de la torre la voz de otro continente. Los receptores de Hartley se desempeñaron a la perfección.

Hartley y otros en los Laboratorios Bell se interesaban en responder a estas preguntas: ¿qué rol desempeñaba el canal de transmisión —ya fuese un cable, o el «aire» de las ondas de radio— y cómo podía mejorarse su prestación? (Los sabotajes de Edward Whitehouse habían demostrado que ese problema no se resolvía a gritos). ¿Y el propio mensaje? ¿Tendría algo que ver con la calidad y rapidez de la comunicación?

¿Qué *era* un mensaje?

Cuando se popularizó el telégrafo en Europa y Estados Unidos en el siglo xix la humanidad se vio de pronto en posesión de una herramienta que le permitía saber qué estaba aconteciendo en lugares lejanos y enviar comunicaciones instantáneas al otro lado del mundo. Era un cambio total: desde el comienzo de la civilización, la comunicación con lugares lejanos había exigido registrar el mensaje en un soporte material y transportar físicamente el soporte al destinatario: una tableta de arcilla con incisiones cuneiformes, un trozo de papel con garabatos de tinta, una tarta para agasajar a un ser querido que vivía en otra ciudad... El mensaje se propagaba disfrazado de materia. Hasta se podría pensar que la materia era el mensaje. Las comunicaciones telegráficas, en cambio, eran más etéreas, y fue difícil acostumbrarse a esta abstracción. James Gleick, en su libro *The Information*, explica el caso de una mujer en Alemania que se presentó en la oficina de telégrafos con un plato de col agria que quería enviarle a su hijo. También el de un individuo que entregó su mensaje escrito en un papel al telegrafista, y, al ver que el trozo de papel seguía ahí luego de que el empleado manipulase una palanquita, protestó porque su mensaje no se había enviado. Era difícil entender que el mensaje pudiese manifestarse de otra manera que no fuese material.

Pero el trozo de papel tampoco era el mensaje.

Cuantificar la información

Harry Nyquist, físico e ingeniero electrónico sueco que trabajaba en los Laboratorios Bell desde 1934, demostró que la velocidad de transmisión de «inteligencia» (como se le llamaba a la información, en el lenguaje de la época) dependía, como cabría esperar, de las capacidades físicas del conducto por el que se enviaba la señal, pero también dependía del número de símbolos disponibles para expresar el mensaje —el número de letras del alfabeto utilizado, el número de palabras del vocabulario—. El telégrafo, por ejemplo, empleaba un alfabeto (en realidad un metaalfabeto) de dos símbolos (punto y raya), o tres, contando el espacio en blanco. Estos símbolos se convertían en una corriente eléctrica con dos valores posibles: encendido y apagado. Nyquist se imaginaba otras posibilidades, como un sistema capaz de discernir entre cinco valores de la corriente en vez de dos: corriente negativa intensa, corriente negativa, apagado, corriente positiva y corriente positiva intensa. Con más valores de la corriente para transmitir mensajes la comunicación se aceleraba.

El razonamiento iba así: cuanto más parco sea el menú de símbolos disponibles, más de estos serán necesarios para expresar un mensaje dado y, por tanto, más lenta será la transmisión. Imagínense que el mensaje fuese el texto completo de este libro. En número de caracteres tipográficos (considerando un alfabeto de unos setenta símbolos, entre letras mayúsculas y minúsculas, espacios, signos de puntuación, paréntesis y números) este mensaje requirió unos 37 000. Pero si lo expresásemos en código Morse, con su menú de solo tres símbolos elementales, necesitaríamos muchísimos más, simplemente porque cada letra del alfabeto latino se expresa por fuerza con más de un símbolo básico en ese sistema. La E y la T son las únicas letras que se expresan con un solo símbolo: punto y raya, respectivamente, lo que obedece a que son las más comunes en inglés (según un estudio que llevó a cabo el asistente de Samuel Morse inspeccionando las cajas de caracteres tipográficos de los impresores de su localidad). Las otras letras varían en número de símbolos Morse entre dos y cinco (por ejemplo, la Ñ es raya-raya-punto-raya-raya). Traducir este libro a Morse requeriría muchísimo más que 37 000 símbolos.

En el extremo opuesto, un código de símbolos elementales suficientemente profuso podría darse el lujo de incluir uno cuyo significado fuese, digamos, el contenido completo de este libro. La transmisión exigiría enviar un solo símbolo y sería rapidísima, pero a costa de trabajar con un alfabeto engorrosamente abundante y difícil de aprender.

Un caso intermedio es el de la escritura china, en la que hay símbolos individuales que representan palabras enteras (simplificando escandalosamente). Parece que para leer el 90 % de lo escrito en chino todos los días (revistas y diarios) hay que saberse unos mil o dos mil símbolos (compárese con los veintiséis o veintisiete que tenemos que sabernos quienes usamos el alfabeto latino). Para leer literatura clásica, se requieren unos 5000 o más. Pero en compensación por tener que aprenderse este alfabeto desbordante, la escritura china es muy compacta. Una página en español, traducida al chino, se puede reducir hasta la mitad. Eso es lo que implica el resultado de Nyquist: si dispones de una mayor cantidad de símbolos básicos de dónde elegir, puedes transmitir más «inteligencia» con menos símbolos. Cada símbolo chino es más denso en información que las letras del alfabeto latino, y estas, a su vez, son más densas que los puntos y rayas del código Morse.

Nyquist nunca se interesó por la escritura china ni el alfabeto latino, solo se centró en el problema técnico de transmitir «inteligencia» por la red telegráfica y telefónica de la Bell System. Así que se conformó con recomendar que se empleasen más símbolos básicos (emplear más «valores de corriente», no solo encendido y apagado) y se olvidó del asunto.

A Ralph Hartley le debemos un hallazgo aún menos evidente que el de comprimir los mensajes incrementando nuestro vocabulario: que, para fines prácticos, el significado del mensaje es lo de menos, lo único que importa es que el canal de transmisión permita distinguir un símbolo de otro. La interpretación de dicho mensaje es un asunto meramente psicológico y arbitrario, que depende de convenciones entre los interlocutores acerca del significado de cada símbolo. A la red eléctrica y a las ondas de radio les importa un comino si «raya-raya-punto-raya-raya» es Ñ, o el contenido completo de la Biblia. Solo tiene que transferir pulsos eléctricos sin que se amontonen y punto... ejem... y sanseacabó. ¿Qué le importan nuestras convenciones? En un congreso en Como, Italia, que se llevó a cabo en 1927 para conmemorar el centenario de la muerte de Alessandro Volta, Hartley demostró que la información es una variable física vil y vulgar, y, como tal, no depende de nuestras convenciones ni creencias.

«Cuando hablamos de la capacidad de un sistema para transmitir información, se entiende que existe algún tipo de medida cuantitativa de la información», escribió Hartley. Pero «información» es un término «muy elástico». Hay que definirlo mejor. Y lo primero es entender cuáles son las condiciones mínimas para que haya comunicación, «ya sea que se efectúe por cable, por medio de la voz, la escritura u otro método cualquiera».

> En primera instancia se requiere un grupo de símbolos físicos tales como palabras, puntos y rayas, etcétera, que por acuerdo general expresan ciertos significados a los participantes en la comunicación. [...] El remitente selecciona mentalmente un símbolo particular y, por medio de alguna acción corporal como la voz, enfoca la atención del destinatario en dicho símbolo. Por medio de selecciones sucesivas se presenta una secuencia de símbolos a la atención del interlocutor. En cada selección se eliminan todos los otros símbolos; decimos que la información se va precisando.[42]

La medida cuantitativa de la información, una vez que se ha eliminado el engorroso problema de lo psicológico

[42] Véase Hartley, 1928.

y arbitrario depende, así pues, de 1) el número de símbolos distintos disponibles para construir mensajes (ya lo había *dixit* Nyquist), y 2) la longitud del mensaje. El valor informativo de un mensaje o de un símbolo individual es la magnitud de lo que se elimina con cada elección; una medida de lo que se pudo decir, pero no se dijo...[43] o de la reducción de la libertad.

Hartley propuso una expresión matemática para la información H contenida en un mensaje. Si llamamos s al número de símbolos disponibles para construirlo (letras, puntos y rayas, palabras, pictogramas, incluso fonemas de una lengua) y n al número de símbolos del mensaje, entonces:

$$H = n \log s$$

¿Recuerdan la ecuación de Boltzmann para la entropía, que no es de Boltzmann, sino de Planck? ¡Son idénticas!

¿Qué significa esta ecuación? Eso lo veremos más adelante.

Con estas reflexiones, Nyquist y Hartley dejaron el terreno preparado para el niño telegrafista de Gaylord, que llegó a los Laboratorios Bell en 1942 con 26 años, un doctorado en matemáticas y una maestría en ingeniería eléctrica, tras haber pasado por el Instituto de Estudios Avanzados de Princeton y el Instituto Tecnológico de Massachusetts.

---

[43] Véase Soni y Goodman, *op. cit.*

Sí o no

—¿Carne o pasta? —ofrece el sobrecargo.

Con tantas opciones en el menú, es difícil decidirse...

—Carne —digo al fin.

Mi elección desencadena cambios en el entorno inmediato. En concreto, el sobrecargo saca una bandeja de cierto lado del carrito de servicio y no del otro. Eso es lo que significa «carne» en el código preestablecido de los viajes en avión. Entre el sobrecargo y yo ha ocurrido un intercambio de información basado en ese código.

Con solo dos opciones como carne o pasta, o cualquier otro menú binario —cara o cruz, sí o no, 1 o 0—, la libertad de elegir es mínima y también lo es la información intercambiada. Podríamos usarla como unidad.

El sobrecargo sigue su camino con el carrito de servicio. Ya en la parte posterior de la cabina de pasajeros, se acaba la pasta.

—¿Carne o carne?

Con la pasta también se ha acabado la libertad de elegir. Confirmar que «carne» no influye en nada en las acciones del sobrecargo, a menos que integremos otra posibilidad al menú: «Nada, gracias».

El menú de símbolos más simple posible para construir mensajes consiste en dos opciones ($s = 2$). Este reducido catálogo ofrece la menor libertad de elegir.

Todo conjunto de dos alternativas se puede reducir a sí o no. El sobrecargo podría preguntar solamente: «¿carne?», y esperar una respuesta binaria. El resultado de un lanzamiento a cara o cruz se podría especificar contestando con sí o no a la pregunta «¿fue cara?». Se llama «1 bit» a la cantidad de información que aporta la respuesta a una pregunta de sí o no («bit» es la contracción de *binary digit*). Podríamos decir que la unidad de información es la respuesta a una pregunta de sí o no. El Vaticano opera un antiguo sistema de comunicación de 1 bit: la chimenea por la que sale humo blanco o humo negro para anunciar que *habemus papam* o que todavía no.

Si en vez de dos hubiese cuatro opciones ($s = 4$) —por ejemplo, las letras ABCD—, ¿cuánta información contendría cada una? Para saberlo hay que determinar cuántas preguntas de sí o no harían falta para especificar una sola de estas letras.

Podríamos preguntar: «¿es A?» y luego «¿es B?, ¿es C? y ¿es D?» hasta dar en el clavo, pero no sería el modo más económico y general de hacerlo. La definición de información exige que el número de preguntas sea el *mínimo* posible. Después de todo, cuando damos información siempre podemos decir lo mismo de maneras más farragosas o redundantes. La información se determina cuando el mensaje está comprimido al máximo.

Para optimizar nuestras preguntas (supongamos que nos las cobran muy caras, como las palabras de un telegrama o los megabytes de un plan de telefonía móvil) lo mejor sería dividir el grupo de posibilidades en dos: AB y CD. La primera pregunta sería entonces: «¿la respuesta está en AB?» y está claro que bastará solo una pregunta más para encontrar la solución. En efecto, si la primera respuesta es sí, la segunda pregunta será «¿es A?» y cualquiera de las dos respuestas posibles nos dará la solución; si la primera respuesta es no, la segunda pregunta sería «¿es C?» y la respuesta nos dará también la solución. Por tanto, el número mínimo de preguntas binarias para especificar una de cuatro posibilidades es 2. Diremos que la información contenida en un conjunto de cuatro elementos es de 2 bits por elemento. Shannon (siguiendo a Hartley) llamó H a la cantidad de información aportada por cada elemento de un menú de s símbolos, de modo que cuatro elementos corresponden a $H = 2$ bits.

¿Y con ocho posibilidades ($s = 8$) cuánto vale H? Ya se imaginarán que lo que hay que hacer es dividir el conjunto de posibilidades en 2 y lo que quede en 2 y lo que quede en 2 —cada división es una pregunta de sí o no— hasta llegar a resultados individuales, lo que equivale a tres preguntas binarias. Para especificar un elemento de un grupo de 8 bastan 3 bits de información ($H = 3$ bits por símbolo). No es difícil imaginarse que con 16, 32 y 64 posibilidades en el menú, cada una contendrá 4, 5 y 6 bits, respectivamente.

Aquí el matemático avezado empieza a notar un patrón:

Tabla 6. Cantidad de información necesaria para identificar un elemento		
Número de elementos por escoger	Número de preguntas suficientes para especificar un elemento	Información en bits por símbolo (H)
$s = 2$	1	$H = 1$
$s = 4$	2	$H = 2$
$s = 8$	3	$H = 3$
$s = 16$	4	$H = 4$
$s = 32$	5	$H = 5$

El matemático sabe además que:

$$1 = 2^1$$
$$4 = 2^2$$
$$8 = 2^3$$
$$16 = 2^4$$
$$32 = 2^5$$

El número de opciones entre las que se elige (s) y el número de preguntas o bits de información (H) que se requiere para especificar una de esas opciones se relacionan así:

$$s = \underbrace{2 \times 2 \times \ldots}_{H \text{ veces}}$$

O en símbolos matemáticos:

$$s = 2^H$$

Inversamente, dada una colección de s elementos entre los que hay que especificar uno solo, el valor informativo H por cada símbolo será:

$$H = \log s$$

(log es la función logaritmo en base 2, que es la inversa de elevar 2 a una potencia cualquiera).

Si log s es la cantidad de información por cada símbolo, un mensaje constituido por n símbolos contendrá

Tabla 7. Información en bits por símbolo	
Número de elementos por escoger	**Información en bits por símbolo**
$s = 2 = 2^1$	$H = \log 2 = 1$
$s = 4 = 2^2$	$H = \log 4 = 2$
$s = 8 = 2^3$	$H = \log 8 = 3$
$s = 16 = 2^4$	$H = \log 16 = 4$
$s = 32 = 2^5$	$H = \log 32 = 5$

$n \log s$ bits de información. Esta es la expresión matemática más general de Hartley, como vimos. Shannon la retomó y la generalizó.

Entropía de información

Shannon extendió la expresión matemática de Hartley llevándola al caso más general posible, que toma en cuenta no solo las ocasiones en que s no es una potencia de 2, sino también aquellas en que los símbolos no son todos igual de probables. Lo que resulta es una expresión un poco más complicada, pero dejemos eso para otra ocasión.

En vista de la identidad matemática entre la información de Shannon y la entropía de Boltzmann, la cantidad H que cuantifica la libertad de elegir entre un conjunto de s elementos se conoce como *entropía de información* o *entropía de Shannon*. O, simplemente, entropía.

Sin que Shannon lo supiera, en 1929 un joven físico húngaro llamado Leo Szilárd (que posteriormente sería gran amigo de Einstein cuando ambos llegasen exiliados a Estados Unidos), se había interesado en el demonio de Maxwell, aquel que seleccionaba átomos veloces y los dejaba pasar a un recinto, cerrándoles el paso a los lentos. Maxwell inventó este personaje para ilustrar el carácter meramente estadístico de la ley del aumento de la entropía. Szilárd se preguntaba si las actividades de este delincuente demoniaco contradecían la segunda ley de la termodinámica. Dicho de otro modo, si reducían la entropía del gas sin invertir esfuerzo. El joven alegó que no: el proceso de identificar y seleccionar los átomos rápidos para dejarlos pasar al recinto exige consumir energía. A fin de cuentas, al adquirir información sobre los átomos, el demonio de Maxwell produce más entropía de la que elimina distribuyéndolos. Era un primer vínculo entre entropía e información, pero al parecer Shannon no estaba enterado del resultado de Szilárd.

Es hora de dejarnos de alusiones abstractas a «símbolos». Los mensajes más comunes a los que estamos acostumbrados en la vida cotidiana son simplemente series de palabras: palabras que nos decimos, palabras que nos enviamos por WhatsApp, palabras que leemos.

Las palabras son secuencias de símbolos llamados letras (ninguna novedad hasta aquí, supongo). El alfabeto en español es una colección de $s = 28$ letras contando el espacio entre palabras (y sin contar mayúsculas ni letras acentuadas, que la vida es demasiado breve para complicárnosla innecesariamente). Así, de una manera ingenua, la entropía de Shannon del español (y de cualquier lengua que se escriba con 28 letras) sería $H = \log 28$. Es decir, 4,8 bits *por letra*. Y la información contenida en un mensaje sería igual a 4,8 bits multiplicado por el número n de letras del mensaje.

Cómo hacer 2,6 preguntas

¿Qué ocurre cuando el número de símbolos disponibles no es una potencia de 2? Por ejemplo, cuando $s = 6$, como las caras de un dado. Aventuraremos que la relación entre símbolos disponibles s e información generada al elegir uno solo sigue siendo $H = \log s$, sin importar que s no sea una potencia de 2. Así, calcular la información implícita en lanzar un dado equivale a determinar a qué potencia tenemos que elevar 2 para obtener 6. Un cálculo sencillo (lo puede hacer Google o una calculadora) da aproximadamente 2,6. La información que genera un dado es de 2,6 bits por lanzamiento.

Quizá les resulte un poco difícil imaginarse 2,6 preguntas, pero no es más complicado que entender que el número medio de hijos por familia en un país pueda ser 1,5. No significa que haya familias con hijos partidos por la mitad; es solo un término medio. Pues con la información pasa lo mismo: para especificar el resultado de lanzar un dado tenemos que hacer, *por término medio*, 2,6 preguntas de sí o no.

Pero no es tan simple. Así serían las cosas si en español todas las letras fuesen igual de probables o frecuentes. ¿Lo son?

Una observación sencilla y cotidiana sugiere que no: el teclado del añejo ordenador de mi esposa tiene borrones transparentes por el desgaste de la pintura en las teclas correspondientes a las letras E y A. En cambio, la W y la K están como nuevas. Quizá se borrarían en un ordenador polaco. En español, la E y la A deben de ser mucho más

Veamos que significa esto. Los resultados posibles de lanzar un dado son 1, 2, 3, 4, 5 o 6. Partamos el conjunto por la mitad —(1, 2, 3) (4, 5, 6)— y preguntemos si el número está en la primera mitad (1 pregunta, 1 bit).

En caso de que sí, dividamos ahora lo que queda en dos grupos: (1, 2) y (3) —y hagamos lo mismo con (4, 5) y (6)— y preguntemos si la respuesta está en el primero. Si la respuesta es no, el resultado es 3 —o 6— y ya no hacen falta más preguntas. Hemos resuelto el enigma con 2 preguntas, o 2 bits.

Pero si la respuesta es sí, aún tendremos que hacer una pregunta más. En resumen: si la solución es 1 o 2 —o 4 o 5—, necesitaremos hacer 3 preguntas. Si la solución es 3 —o 6—, bastarán 2 preguntas. Tres preguntas en cuatro casos; dos preguntas en dos casos. Por término medio tendremos que plantear un número de preguntas igual a $(3 \times 4) + (2 \times 2)$, todo dividido entre 6 casos posibles. Resultado (decimales más o menos) 2,6 preguntas. Ø

---

probables que la W y la K. Otro ejemplo (que me ha sugerido mi esposa) es que no puedes jugar al Scrabble en español con un juego de Scrabble en inglés: la distribución de probabilidad de las letras es particular para cada lengua.[44]

Una manera más científica de determinar la frecuencia relativa de las letras en español es analizar estadísticamente

---

[44] Pero en inglés la E también es la letra más frecuente, razón por la cual Samuel Morse eligió para representarla el símbolo más sencillo: un punto.

grandes cuerpos de texto (novelas, bibliotecas, el contenido de Google Books…). En el gráfico de la derecha podemos observar la estadística de las letras en español, que se puede considerar como la explicación del orden en que se borran las letras en un teclado muy usado.

Puesto que las letras no son todas igual de probables, la entropía H del alfabeto no será la misma que si lo fuesen. En concreto, será menor. Así lo sugiere un ejemplo más sencillo: el de tirar a cara o cruz con una moneda trucada. El escritor Brian Christian lo explica así en su libro *The Most Human Human*: lancen una moneda normal cien veces y anoten la secuencia de caras y cruces. Si quisiésemos comunicarle el resultado a alguien, podríamos enumerar la secuencia completa, lo que sería engorroso: habría que responder cien preguntas binarias. De forma equivalente, podríamos especificar solo los lanzamientos que salieron cara, dejando sobreentendido que lo que no fue cara fue cruz, un ejercicio de compresión que nos llevaría a 50 bits.

Ahora lancemos cien veces una moneda trucada que cae en cara el 75 % de las veces. El trabajo de comunicar el resultado ahora se facilita, porque podemos especificar la secuencia completa enumerando solo los lanzamientos que salieron cruz, que por término medio serán menos. La secuencia trucada se puede especificar con menos preguntas y, por tanto, contiene *menos* información. La fórmula de Shannon da 0,8 bits de información por cada lanzamiento de esta moneda trucada en vez de 1.

En general, siempre que entre los s símbolos haya unos más probables que otros, la entropía de información del

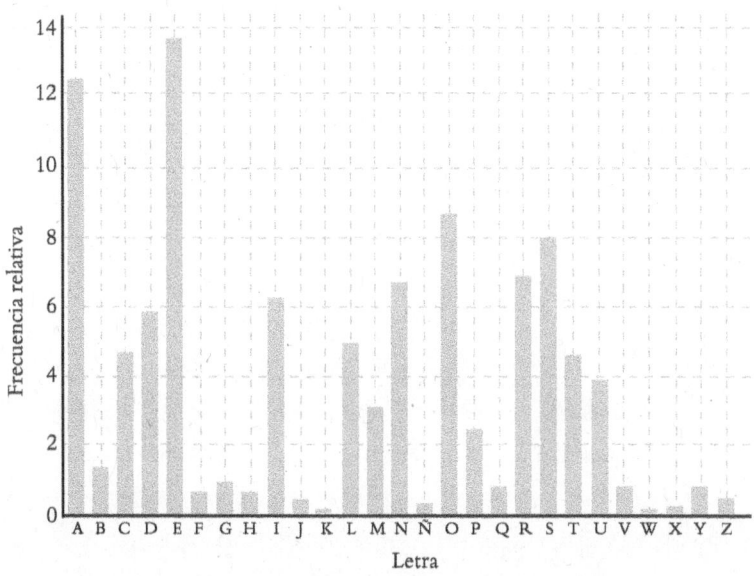

Frecuencia relativa de uso de las letras en español.

conjunto será menor que en el caso equiprobable... y será nula cuando la distribución de probabilidades esté sesgada al máximo: una moneda mágica que siempre saliese cara no aportaría información.

Volviendo al español, la distribución de probabilidades de las letras reduce la entropía como lo hará, en general, cualquier reducción de la libertad de elegir. ¿Qué cosa puede reducir la libre elección de letras en un mensaje en español? Pues, en primer lugar, las reglas de ortografía y gramática —reglas como la que dice que p y b no pueden ir después de n y cosas por el estilo—. A un nivel más elevado, si pensamos en la sucesión, ya no de letras, sino de

Hablando de libertad de elegir...

En 1993, el presidente de México seleccionó al candidato que representaría a su partido en las elecciones presidenciales de 1994. Al día siguiente la secretaria de prensa de la Casa Blanca, Dee Dee Myers, felicitó al candidato como si su elección fuese un hecho consumado.

La felicitación de Myers podría parecerle prematura al lector casual, que no tiene por qué estar familiarizado con la historia de México. Las elecciones estaban programadas para el verano siguiente, y en unas elecciones contienden por lo menos dos candidatos: en principio, tendría que haber cierta incertidumbre en el asunto de quién sería el próximo presidente. Pero haciendo a un lado el traspié diplomático, a Myers no le faltaba razón: desde 1929 los candidatos del Partido Revolucionario Institucional (o sus encarnaciones anteriores) habían ganado todas las elecciones. Esto no se debía a que ese partido fuese muy popular ni muy bueno para gobernar, sino a que el sistema electoral estaba amañado. Las elecciones eran un simulacro y todo el mundo lo sabía. La primera vez que voté, en 1982, me negué a participar en la farsa y le di mi voto a «Ra, dios del sol». Igual que yo, Dee Dee Myers sabía que las elecciones eran una pantomima y que el «candidato» del PRI sería, sin ninguna duda, el próximo presidente de México.

Myers solo falló en una cosa, un imprevisto de nada: el candidato que escogió el presidente fue asesinado y hubo que seleccionar otro... que, por supuesto, «ganó» las elecciones. Era como la moneda mágica que siempre sale cara: una situación de entropía cero, total predictibilidad y ninguna sorpresa. Se me ocurre que podríamos evaluar el grado de democracia de una nación midiendo la entropía de sus elecciones. En una dictadura —de las que se toman la molestia de simular elecciones (hay de otras)— las elecciones tendrían entropía cero. Ø palabras, frases y párrafos... la elección será aún menos libre si queremos que el mensaje signifique algo y se entienda —es decir, que cumpla ciertas condiciones de sintaxis y de coherencia—.

Los escritores y los poetas más originales no se dejan limitar por estas condiciones. Lewis Carroll, autor de *Alicia en el país de las maravillas*, James Joyce y Julio Cortázar se inventan palabras que solo existen en sus libros. ¿Qué pasaría si aplicásemos el concepto de entropía de información a sus obras? ¿Obtendríamos valores altos?

Brian Christian narra el siguiente experimento que sugiere que sí: creó dos archivos de texto del mismo tamaño en bytes en su ordenador. Los bytes, kilobytes y megabytes son múltiplos de los bits de Shannon, pero el tamaño de un archivo de ordenador en bytes no es igual a su contenido de información. Para obtener el contenido de información hay que reducir el archivo a su mínima expresión, es decir, comprimirlo.

Christian hizo un archivo con un fragmento del *Ulises* de James Joyce y otro que consistía en las palabras *bla bla bla* repetidas tantas veces como fuese necesario para obtener un archivo del mismo tamaño que el primero (1717 bytes). Luego los comprimió con su ordenador. El texto de *bla bla bla* se redujo a 478 bytes. El de Joyce se dejó comprimir mucho menos: solo bajó hasta 1352 bytes. Dice Christian: «Cuando el compresor trató de aplastarlo, algo en Joyce opuso resistencia».

Los programas de compresión de archivos aprovechan patrones en los datos —regularidades, repeticiones, orden—. Cuanto menos ordenado esté el archivo, más difícil será comprimirlo. Una secuencia de 1 y 0 (o cara y cruz) al azar (desorden total) es su propia expresión más breve y, por tanto, no se puede comprimir. Una secuencia con regularidades (como la moneda sesgada del ejemplo de más arriba) se puede expresar con menos información, o sea, comprimir. Es fácil ver por qué el archivo de *bla bla bla* se comprimió sin dificultad. ¿Qué fue lo que resistió en el de Joyce?

Chicle masticado

Estoy viendo la televisión con mis padres y mis hermanos. Es una película mexicana de los años cincuenta tan mala, que nos tiene pegados al sofá de pura fascinación morbosa. Nuestra heroína se llama Eloísa y acaba de hacer algo que horroriza a sus padres, burgueses convencionales y aburridos que se escandalizan con facilidad; quizá ha huido con su novio o ha decidido ser actriz, una de esas tragedias que manchan el buen nombre de una familia decente.

Pese a la reprobación de papá y mamá, los hermanos pequeños de Eloísa la echan de menos y hablan de ella todo el tiempo.

—No mencionen el nombre de Eloísa en esta casa… —dice el padre.

Y *mi* padre, desde su asiento, añade, socarrón:

—Eloísa ha muerto para nosotros.

Como si respondiese a las indicaciones de un apuntador, el *pater familias* de la tele sentencia:

—… Eloísa ha muerto para nosotros.

¿Cómo adivinó mi padre el diálogo? Pues exactamente como yo he adivinado hace unos días la réplica de un personaje de la serie *Valle salvaje*. Una chica joven de la servidumbre de la mansión estaba hablando con una señorona, que claramente era más mala que el sebo (y que se parecía a mi tía Concha, que era la persona más buena del mundo). La chica decía algo así:

—Pues Fulano y yo nos casaremos aunque usted se oponga porque nosotros tenemos algo que usted nunca tendrá.

La gemela malvada de tía Concha preguntaba:

—¿Y qué puede ser eso que tenéis vosotros y que yo no, si se puede saber?

No se necesita ser Sherlock Holmes para adivinar qué contestaba la chica.

La situación y el diálogo tanto en Eloísa como en *Valle salvaje* son lugares comunes. Los hemos visto mil veces. Los guionistas no tuvieron que devanarse los sesos para escribir esas escenas, que parecen tomadas de un catálogo preestablecido y limitado: el catálogo de las frases hechas y las ideas recibidas.

Las películas y series predecibles aburren. Lo predecible en la música, a mí me saca de mis casillas. Hay pocas canciones que me gusten menos que *Love Is in the Air*. Su ritmito cuadrado y machacón, su melodía simplona, su armonía sin picante y su letra insípida me sacan de quicio. Bastan dos compases de *Love Is in the Air* para ponerme de mal humor (como bien saben mis sobrinas, que no desaprovechan oportunidad de cantarme la tonadita para fastidiarme).

Movido por estas manías musicales, de joven me aficioné a la música con un poco más del elemento aleatorio y hasta cultivé el gusto por la música de vanguardia, que a veces peca de lo contrario: llega a ser tan impredecible, que el cerebro no encuentra asidero. En el desconcierto de la sorpresa continua, el cerebro se apaga tan infaliblemente como en la más soporífera predictibilidad.

Hoy en día mi trabajo cotidiano en el equipo de redacción de *¿Cómo ves?*, revista de divulgación científica de mi universidad, me enfrenta diariamente a situaciones del estilo de *Love Is in the Air* y «Eloísa ha muerto para nosotros», pero con los artículos que recibimos para dictaminar. Cuando dictamino, nada me exaspera más que un artículo que empieza con «Desde la más remota Antigüedad» y sigue con una retahíla de lugares comunes del mismo tipo. Me da la impresión de meterme en la boca un chicle masticado.

Lo que haría falta en la música, el cine, los textos para *¿Cómo ves?* y en la vida en general es el término medio: ni tan predecible que resulte soporífera ni tan desestructurada que no permita encontrar regularidades. Un oasis entre lo trillado y lo inescrutable. Una meseta entre los abismos gemelos del tedio y la perplejidad: el oasis y la meseta de lo *interesante*.

El oasis de lo interesante

En un artículo posterior al original de 1948, Shannon propuso una manera divertidísima de estimar la entropía de una lengua experimentalmente. En vez de determinar estadísticas y combinaciones de letras examinando con minucia textos sin cuento en busca de regularidades, Shannon propuso un juego de adivinanzas. El juego consiste en tomar una muestra de texto en esa lengua (un párrafo, una frase), entresacarle letras y pedirle a un hablante de la lengua que trate de reconstruir el mensaje a partir de lo que queda. El hablante medio de una lengua posee naturalmente conocimientos profundos del vocabulario, las expresiones idiomáticas, los lugares comunes, la fonética y la gramática. Estos conocimientos están imbuidos de las propiedades estadísticas de la lengua, de modo que el hablante se convierte en un práctico instrumento para medir la entropía: solo hay que ponerlo a adivinar y así determinar hasta qué grado es recuperable el texto a partir de las regularidades de la lengua.

Lo fácilmente recuperable es redundante. Porejemploelespacioentrepalabras. ¿Han podido leer esta frase? Si la respuesta es que sí, el espacio es un símbolo redundante. Hay otras redundancias. Pr jmpl ls vcls.

No es difícil ver que cuantas más redundancias tenga una lengua, más fácil será corregir errores, completar frases truncadas y predecir («Eloísa ha muerto para nosotros»). A más elementos superfluos u obvios, más restringidas las posibilidades de la lengua y, por tanto, menos libertad para el hablante y el escritor. En definitiva, a más redundancia y predictibilidad, menos entropía.

Shannon usó estas ideas (y a su esposa, Betty) para estimar que la entropía del inglés es de 1 bit por letra, poco más o menos. Nosotros podríamos usarlas para entender qué fue lo que opuso resistencia en el fragmento de Joyce que usó Brian Christian en su experimento de compresión de archivos.

Juguemos una segunda versión del juego de adivinar, versión que Shannon explica en su artículo sobre predictibilidad de la lengua. He aquí treinta sitios en blanco que representan las letras y espacios de una frase específica que tengo en mente. El juego consiste en encontrar la frase adivinándola letra por letra. Debajo de cada sitio se escribirá el número de intentos que le llevó al participante dar con la letra correspondiente.

_ ,

La frase que tengo en mente es «Desde la más remota Antigüedad». ¿Cuántos intentos le llevaría a un hablante promedio adivinar qué letra va en cada sitio?

La primera letra sería difícil: si no se tiene ni idea de qué va la frase, la primera letra podría ser cualquier cosa ¿Cualquiera cosa? No: quizá no valdría la pena sugerir K ni W. Eso sí, una vez adivinadas las tres primeras letras, *des*, no sería difícil concluir que siguen *d*, *e* y espacio. Las adivinaríamos al primer intento. Con el inicio de la segunda palabra volvería a crecer la incertidumbre, pero una vez adivinada la *l*, lo más natural sería que siguieran *a* y espacio. Y una vez adivinado hasta *desde la más*, sería natural aventurar que sigue *remota Antigüedad* y adivinar todas esas letras al primer intento. Es una frase hecha muy manida. No hay gran incertidumbre en las letras que la componen una vez que se ha adivinado parte de la secuencia. Shannon diría que es una frase de baja entropía.

Consideremos ahora una frase más original; por ejemplo, «Oh tiempo tus pirámides» (y supongamos que los participantes en el juego de adivinar no han leído «La Biblioteca de Babel»). Adivinarla letra por letra es una tarea muy distinta. Noten que en ningún momento podríamos tener certeza sobre las palabras que faltan: se puede haber adivinado hasta *oh tiempo*, que eso no nos ayudará con lo que sigue. Ni siquiera *oh tiempo tus* mitigaría la incertidumbre acerca de lo que falta.

Dicho de otro modo, por término medio cada palabra adivinada de «Oh tiempo tus pirámides» sorprende más que cada palabra adivinada de «Desde la más remota Antigüedad». En general, cuanto más insólita sea una frase, más difícil será adivinarla letra por letra. Una medida de originalidad podría ser el número total de intentos necesarios para adivinar toda la frase, dividido entre el número total de caracteres, lo que daría el número medio de intentos por carácter... una aproximación a la entropía de Shannon de la frase.

Todo esto sugiere qué fue lo que resistió en Joyce. Está implícito en la expresión $H = n \log s$ si la interpretamos así: s es el vocabulario del autor (el acervo de palabras que tiene a su disposición cuando escribe) y n es el número de palabras del mensaje. Dados dos mensajes del mismo número de palabras n, tendrá más entropía (y,

¿Teoría de la qué?

La disciplina que nació de los artículos de Shannon se conoce como teoría de la información. El nombre (que no le gustaba al propio Shannon) ha propiciado equívocos. En la vida cotidiana llamamos información a un mensaje que tiene significado para nosotros y que puede ser verdadero o falso, pero para Shannon, y sobre todo para su predecesor Hartley, interesado en la capacidad de transmitir información (datos, diríamos hoy), la cantidad de información de un mensaje no tiene nada que ver con su significado o su valor de verdad. «El problema fundamental de la comunicación», escribió Shannon en su artículo de 1948, «es reproducir en un punto, exacta o aproximadamente, un mensaje seleccionado en otro punto. Con frecuencia los mensajes tienen significado». Pero da igual si lo tienen o no.

por tanto, más información) el de vocabulario más variado *s*. Sospecho que ya lo sabíamos: si tu vocabulario es más extenso, puedes decir más cosas con menos palabras. Tus mensajes serán más escuetos, pero más elocuentes. Quien dice: «Fulano salió corriendo muy rápidamente», no tiene en su acervo la expresión «Fulano salió disparado», más aerodinámica, y malgasta tiempo y tinta quien escribe «Mengana gritaba con fuerza» por desconocer el verbo desgañitarse. La poca *s* exige mucha *n*. El extremo monstruoso son los discursos de Donald Trump, de *s* indigente, *n* profusa e información nula.

Así pues, sería inútil intentar aplicar esta teoría de la información a las *fake news*, por ejemplo, porque un mensaje falso (incluso uno perfectamente incoherente) contiene información con el mismo derecho que un mensaje veraz. La información en el sentido de Hartley y Shannon se refiere a aspectos exclusivamente físicos.

Con la popularización de su trabajo en años posteriores, cundieron los equívocos, y Claude Shannon no daba abasto para señalarlos y tratar de corregirlos. Fue en vano. Quizá la disciplina debió llamarse *teoría estadística de la transmisión de señales eléctricas* —como decidió titularla un traductor (y censor) soviético en tiempos de Stalin—, pero ya es demasiado tarde: la teoría de Shannon con su título original está en todas partes en la era de la información digital. Ø

Ahora entiendo en qué consiste mi trabajo en el equipo de edición de *¿Cómo ves?*: en insuflarles entropía a los originales. Quizá eso sea el buen escribir.

Pero cuidado, si exageramos en esto de insuflar entropía para hacer el mensaje más interesante, podemos caer en el extremo opuesto: el de lo que resulta aburrido por inescrutable, no por predecible. El índice de originalidad de una frase como, digamos, «Las hojas ruedan si no hay una vereda para palabras que no tienen verdad», es muy alto, pero que me parta un rayo si se entiende una maldita palabra de este galimatías. Lo interesante no es ni predecible ni inescrutable. Ni demasiado rígido ni demasiado desordenado. Lo interesante vive en la zona de entropía media, en la que también se ubican las cosas más divertidas que puede hacer el universo que nos compramos al principio de este libro.

Capítulo VI

Ilusión persistente

El tiempo huye del antes hacia el después. Es como el calor, que pasa espontáneamente de lo caliente a lo frío. Recordamos el pasado mas no el futuro. Pasamos de la infancia a la adolescencia, la edad adulta y la vejez. La memoria y el envejecimiento son rastros que deja el tiempo en nuestro organismo. También ha dejado rastros en la superficie de la Tierra —estratos geológicos que hablan de mares antiguos y que contienen fósiles de especies desaparecidas, señales de carbono radiactivo apagadas hasta el silencio por la distancia de los siglos—, y en la superficie de los mundos cercanos: la Luna está sembrada de cráteres sobre cráteres sobre mares de lava de tiempos remotos. En el pasado del universo vislumbramos una época en la que no había más que hidrógeno y helio; sin embargo, hoy hay más de noventa elementos químicos naturales.

Además de estas evidencias del paso del tiempo, tenemos razones para pensar que ese transcurso solo puede ir en una dirección: todos esos fenómenos que, proyectados al revés, dan risa o causan inquietud —el gimnasta prodigioso, las Torres Gemelas reconstruidas y el revoltillo de huevo que se *desrevuelve*—. Invertirle el tiempo a la realidad engendra absurdos dignos del país de las maravillas, lo que sugiere con fuerza que el tiempo transcurre en un solo sentido pese a que las leyes de la física sean indiferentes a las inversiones temporales.

Puedo contarles un caso peor que el de la realidad al revés: el de la ficción al revés. En la novela *La flecha del tiempo*, del escritor británico Martin Amis, el tiempo corre hacia atrás. Todo empieza con la muerte del narrador, pero vista al revés: una suerte de nacimiento. Más adelante el narrador cuenta que, en los campos de concentración, los nazis metían cenizas en los hornos y extraían cadáveres, que luego eran llevados a una cámara de gas donde resucitaban, tras lo cual se les ponía en libertad. Invertir el tiempo puede trastocar el bien y el mal y convertir a los verdugos en benefactores. Esto debería bastar para demostrar definitivamente que el tiempo no corre hacia atrás. Es lo que yo llamo la demostración moral de la flecha del tiempo.

Pese a todo, persiste el problema de las leyes de la física y su desinterés en la diferencia entre pasado y futuro.

En 1922 la baronesa Karen Blixen, escritora danesa que firmaba con el nombre de Isak Dinesen, escribió una carta a su madre. En esa época Karen Blixen vivía en África, donde pasó casi 17 años, y de tanto en tanto caía presa de la añoranza. En la carta, la baronesa se consolaba por encontrarse lejos de su tierra y su familia con estas palabras:

Es extraño, pero aquí uno se acostumbra a vivir de los recuerdos o de pensar en cosas que están lejos a tal grado que se pierde el sentido de la distancia no solo en el espacio, sino en el tiempo. No puedo explicarlo mejor, pero ya no siento la diferencia entre el pasado y el presente. Según Thomas [hermano de la baronesa], Einstein dice lo mismo: que las mismas leyes gobiernan el tiempo y el espacio. Cierto es que tenemos conciencia de estar en un solo lugar, pero no es más que un prejuicio el suponer que otros puntos del espacio y el tiempo no existan exactamente de la misma manera.

Treinta y tres años después, el propio Einstein expresó la misma idea en una carta de condolencias a los hijos de su querido amigo Michele Besso, recién fallecido. Tratándose de Einstein, que era ateo, no podía esperarse que ofreciese un consuelo de tipo religioso —digamos, «ya está en un lugar mejor» o «el Señor lo quería a su lado»—, sino científico. «Para nosotros, los que creemos en la física», escribió, «la diferencia entre pasado, presente y futuro es una ilusión, si bien una ilusión muy persistente». En la física el pasado y el futuro existen con el mismo derecho que el presente, así pues, ¿qué es la muerte? Irónicamente, se puede decir lo mismo con una cita bíblica: en la Primera Epístola a los Corintios se lee: «¿Dónde está, oh muerte, tu aguijón?».

Einstein no lo decía solo por poetizar. En 1905 consiguió nivelar una fea asimetría que había aparecido en la física modificando las leyes del espacio y el tiempo, y al hacerlo las dejó irreconocibles. En la reformulación de

Einstein, el tamaño de un objeto ya no es absoluto, sino que cambia con la velocidad a la que se desplace, y el tiempo transcurrido entre dos sucesos deja de ser el mismo para todo el mundo. Dos acontecimientos que son simultáneos para un individuo parado en el andén de una estación de tren no lo son para usted, que pasa en un tren lanzado a toda velocidad. El agravio de tener que aceptar cosas tan extrañas se compensa en la teoría especial de la relatividad con un premio de consolación: la reunificación de la física. Y, de paso, el tiempo y el espacio adquieren esa hermosa, aunque inquietante, simetría que mencionan Einstein y la baronesa Blixen.

Einstein es el autor de la teoría, pero el que vislumbró que esta exige la unificación de espacio y tiempo fue el matemático Hermann Minkowski, quien fuese maestro de Einstein en el Instituto Tecnológico de Zúrich (aunque el rebelde Einstein faltaba a sus lecciones). El origen de Minkowski es difícil de ubicar en el espacio. Su ciudad natal estaba en Polonia, que por entonces formaba parte del Imperio Ruso. Hoy la ciudad está en Lituania. Pero Hermann creció en Königsberg, Prusia (¡hoy Kaliningrado, Rusia!), adonde la familia llegó huyendo del antisemitismo. Ahí su padre estableció más tarde una fábrica de juguetes de cuerda que vendía monigotes que hacían piruetas, escarabajos andarines, músicos automáticos y otros mecanismos.

Minkowski demostró que las ideas de la teoría especial de la relatividad pasaban de extrañas a casi evidentes si se reformulan en cuatro dimensiones. El universo ya no consiste en un espacio de tres dimensiones extendidas y un tiempo que se va desenrollando hacia el futuro, sino en un bloque en el que el espacio y el tiempo coexisten en pie de igualdad. «En adelante, el espacio por sí mismo y el tiempo por sí mismo se reducirán a meras sombras y solo una especie de unión de ambos conservará la independencia», escribió Minkowski.

En el nuevo espacio cuatridimensional las matemáticas de la teoría especial de la relatividad se transforman en poesía, pero el tiempo se convierte en una dimensión extendida, tal como las tres del espacio, y sin orientación preferencial. Antes el tiempo se asemejaba a una película: el instante presente era el fotograma que se está proyectando en la pantalla; el futuro, el carrete que contiene la parte de la película que no hemos visto y que desconocemos, y el pasado el carrete que contiene la parte que ya vimos y que recordamos. Pues bien, el espacio-tiempo de Minkowski es la película completa sin proyectar, con todos los fotogramas ya determinados e inmutables. No hay transcurso. Solo persiste el orden de los fotogramas.

En este mundo-bloque yo soy yo en todos los sitios que he ocupado y ocuparé en mi vida, como el *Desnudo bajando una escalera* de Marcel Duchamp, lo que se explica muy bien en dos obras literarias, una publicada diez años *antes* de la teoría especial de la relatividad y la otra veinte años después (hay ideas que están en el aire, no cabe duda).

En *La máquina del tiempo* de H. G. Wells el personaje llamado «el viajero del tiempo» convoca a unos amigos para mostrarles la máquina con la que tiene la intención de viajar al pasado y al futuro y les dice: «Voy a tener que trastocar un par de ideas casi universalmente aceptadas. La geometría que les enseñaron en la escuela se basa en un error». Una línea no tiene anchura y un plano no tiene espesor. Líneas y planos son meras abstracciones, señala el viajero: no existen. Por una razón similar, un cubo que —con largo, ancho y altura— carezca de duración tampoco puede existir. Un cubo instantáneo es un absurdo.

Así pues, prosigue el viajero:

> todo cuerpo real debe tener extensión en cuatro direcciones: largo, ancho, espesor *y duración*. Pero por un defecto natural de la carne, tendemos a menospreciar este hecho. En realidad, hay cuatro dimensiones, tres de las cuales son los tres planos del espacio, y la cuarta es el tiempo.

¡Y estamos en 1895, diez años antes de que Einstein formulase la teoría especial de la relatividad! El viajero de Wells concluye:

> Tenemos la tendencia a trazar una distinción artificial entre las tres dimensiones del espacio y la del tiempo solo porque da la casualidad de que nuestra conciencia se mueve en una sola dirección a lo largo de esta última, del principio al final de nuestras vidas.

La otra obra es el volumen final de *En busca del tiempo perdido*, de Marcel Proust («El tiempo recobrado»), en el que se relata una fiesta de sociedad que reúne a los personajes principales que el lector fue conociendo a lo largo de las muchísimas páginas de la novela. Al llegar a la fiesta, el narrador experimenta una cadena de revelaciones que lo llevan a concebir el tiempo como una especie de secreción de las cosas y, sobre todo, de las personas. El narrador repara especialmente en la entrada del duque de Guermantes, ya ancianísimo, aunque no menos coqueto que en su juventud, y al verlo en pie, vacilante de mente y de postura, se lo imagina encaramado en la cima de una larguísima columna de años que se extiende de sus pies hacia abajo.

La revelación desata en el narrador una furia creativa que lo impulsará a escribir por fin la obra de su vida, que ya había perdido la esperanza de acometer jamás. En las últimas páginas, el narrador expresa sus intenciones: en la obra que se propone escribir, si bien quizá no consiga dar una idea precisa del tiempo, «al menos no dejaría yo de describir al hombre como un ser cuya longitud no es la de su cuerpo, sino la de sus años».

El universo que describen el viajero de Wells y el narrador de Proust se parece al espacio-tiempo de Minkowski. Los tres consideran el tiempo como una cuarta dimensión que existe desplegada en toda su extensión. Sí, los humanos percibimos el tiempo como transcurso, pero es puro accidente, «un defecto natural de la carne». Puro prejuicio para la baronesa Blixen, pura ilusión para Einstein, «si bien», como se lee en la carta a los hijos de Michele Besso, «una ilusión muy persistente».

Flecha termodinámica

Tan persistente, que pide a gritos una explicación. Para ponerle dirección al tiempo físico habría que imponerle al universo un odómetro que, como el del coche, solo avance y no pueda retroceder. A ningún lector que haya llegado hasta aquí le extrañará saber que el odómetro natural es la entropía. Eso es lo que propuso en 1927 el físico británico Arthur Eddington, acuñando de paso la expresión «flecha del tiempo».

Tomemos uno de esos recipientes cerrados y divididos en dos por una pared que ya hemos usado antes. De un lado hay agua y del otro, tinta. Desaparece la pared y este estado inicial ordenado empieza a desordenarse hasta que obtenemos agua homogéneamente entintada. Supongamos que no estamos presentes durante el proceso, sino que más bien nos dan una pila de fotografías de sus etapas, pero desordenadas. Cualquiera podría reordenarlas en su secuencia temporal correcta. La primera sería aquella en que la tinta está de un lado y el agua del otro. La última, aquella en que las vemos perfectamente mezcladas. Las etapas intermedias también serían fáciles de acomodar en su secuencia temporal, que coincide con la secuencia de aumento de la difusión, el desorden y la entropía.

Eddington se imaginó que se podía hacer lo mismo, pero con el universo-bloque de Minkowski. El universo extendido en el tiempo es una colección de instantes como los fotogramas de una película. Si no supiésemos cuáles van antes y cuáles después, podríamos seguir esta sugerencia de Eddington:

Tracemos una flecha en una u otra dirección [de la dimensión del tiempo]. Si al seguirla vemos cada vez más del elemento aleatorio en el estado del mundo, la flecha apunta hacia el futuro; si el elemento aleatorio disminuye, la flecha apunta hacia el pasado. Esa es la única distinción que admite la física.

Muy bien, pero notemos que la flecha termodinámica de Eddington no implica que el tiempo *fluya*. Seguimos en el universo-bloque de Minkowski y Einstein (y Wells y Proust), pero ahora la dimensión del tiempo tiene una flecha. La aguja de una brújula que apunta al norte no implica ningún movimiento hacia el norte, dice el físico Paul Davies; solo una asimetría respecto a la dirección norte-sur, tal como la fuerza de gravedad impone una asimetría respecto a arriba y abajo sin exigir que nos desplacemos en esa dirección (a menos que nos quiten el piso de bajo los pies). De la misma manera, la flecha termodinámica de Eddington solo señala una asimetría del tiempo respecto al antes y al después, pero, como dice Davies, «hablar del pasado y del futuro es tan absurdo como si habláramos del arriba y del abajo». No hay un arriba absoluto ni un abajo absoluto. Tampoco hay un futuro y un pasado absolutos, solo instantes que van antes que otros sin que ninguno sea el instante de referencia respecto al cual se pueda hablar en definitiva de pasado y futuro sin caer en inconsistencias. Nuestro futuro es el pasado de nuestros sucesores. En el universo-bloque de la relatividad, ellos existen tanto como nosotros y tienen el mismo derecho a suponer que su tiempo es el presente.

Cuando la entropía nos alcance

No todo el mundo está conforme con la idea del universo-bloque, que en efecto es algo difícil de digerir, ni con la idea de aplicar el concepto de entropía al universo.[45] Así pues, seguimos sin saber por qué percibimos el tiempo como transcurso, pero por lo menos ya sabemos qué distingue al antes del después. Y hasta podemos imaginarnos el «después» máximo; el «después» después del cuál no hay más «después», para decirlo con toda claridad: el instante en que el universo alcanzará la entropía máxima, el punto de equilibrio térmico universal tras el cual todo cambio es imposible.

Ya nos lo había advertido el vendedor de universos del prólogo. Un universo que genera entropía tiene la ventaja de que la carga energética inicial no se gasta de golpe como un resorte en espiral que no estuviese acoplado a ningún juguete de cuerda. Tampoco se consume en un pavoroso cortocircuito que deja todo a oscuras y oliendo a chamusquina. No, la energía va bajando por la cuesta de la degradación entrópica como una cascada de bolas de *pinball* en una mesa infinita. La energía al descender —al desenrollarse la cuerda del mundo— rebota con obstáculos, resortes y paletas que la relanzan hacia arriba en increíbles remolinos de estructura y creación —fenómenos que revierten local y fugazmente el aumento de la entropía para

[45] Se alega que la entropía en realidad solo está bien definida una vez que se alcanza el equilibrio. El universo claramente no ha llegado a ese estado. La prueba: pasan cosas todo el tiempo.

Cómo *desrevolver* un huevo

El filósofo Daniel Dennett propone este mecanismo para obtener un huevo completo a partir de un revoltillo de huevo: tómese el revoltillo y úsese para alimentar una gallina (falta que la gallina coma huevo, la muy caníbal). Espérese a que la gallina ponga un huevo. *Voilà!* Ø

crear galaxias, estrellas, planetas, la vida, la vida inteligente, las redes sociales, la crisis del capitalismo y esa pelusita que se acumula en los bolsillos de los pantalones si uno se descuida—. John Wheeler dijo que el tiempo es el modo que tiene la naturaleza de evitar que todo suceda a la vez, pero quizá no es el tiempo, sino la entropía.

Sin embargo, el universo entrópico tiene la desventaja de que el día de la muerte térmica es inevitable. Cada remanso de baja entropía, cada remolino de orden y construcción que se forma en un sitio (una galaxia que dura miles de millones de años o un microorganismo que vive unas cuantas horas) existe únicamente a expensas del desorden y la destrucción en otro sitio (el aire acondicionado enfría la habitación, pero calienta el exterior más de lo que enfría el interior) y solo acelera la degradación generalizada hacia la entropía total. La mesa de *pinball* se inclina más hacia la vertical, aumenta la pendiente hacia el caos.

El equilibrio térmico es el estado más probable del universo, pero por el camino ocurren cosas, fluye el tiempo, el juguete de cuerda hace sus piruetas. «La energía se dispersa de tantas maneras, que pueden emerger extraordinarias estructuras que parecen estables mientras el Universo se hunde irreversiblemente hacia el equilibrio», escribió Peter Atkins en su libro *The Second Law*.[46]

Lo ha dicho no sé quién: no vivimos una crisis de energía, sino de entropía. La energía ya estaba aquí al principio del universo y seguirá estando al final, pero infestada por el sargazo entrópico, que todo lo asfixia. Y entonces ya nada cambiará. De ahí en adelante todos los fotogramas serán iguales, como los del agua entintada una vez que la tinta se ha distribuido homogéneamente. La flecha del tiempo enloquecerá como la aguja de una brújula en el polo norte, el sitio a partir del cual no se puede ir más al norte. Habremos llegado (es un decir: ustedes y yo y todo organismo posible estaremos en equilibrio térmico, lo que se dice muertos) al punto a partir del cual no se puede ir más hacia al futuro. O más bien al punto después del cual pierde sentido la distinción entre el antes y el después: la muerte térmica del Universo. Y entonces habrá que comprarse otro universo.

---

[46] Véase Atkins, 1984, p. 74.

Bibliografía

Angrist, S. W. (1968). Perpetual motion machines. *Scientific American, 218*(1), 114-123.

Atkins, P. W. (1984). *The second law*. Scientific American Library.

Baierlein, R. (1994). Entropy and the second law: A pedagogical alternative. *American Journal of Physics, 62*(1), 15-26.

Beard, G. (1869). Neurasthenia, or nervous exhaustion. *The Boston Medical and Surgical Journal, III* (13).

Borges, J. L. (1984). La biblioteca de Babel. En *Ficciones*. Alianza Editorial.

Bynum, B. (2003). Discarded diagnoses. *The Lancet, 361,* 1753 (2003)

Carnot, S. (1872). Réflexions sur la puissance motrice du feu et sur les machines propres à développer cette puissance. *Annales scientifiques de l'É.N.S. 2e série, 1*, p. 393-457. https://www.numdan. org .

Clausius, R. (1851). I. On the moving force of heat, and the laws regarding the nature of heat itself which are deducible therefrom, *The London, Edinburgh, and Dublin Philosophical Magazine and Journal of Science, 2*(8), 1-21. https://doi.org/10.1080/14786445108646819

Dawkins, R. (Ed.) (2008). *The Oxford book of modern science writing*. Oxford University Press.

Eddington, A. S. (1929). *The nature of the physical world*. McMillan.

Feynman, R. P. (1965). *The character of physical law*. MIT Press.

Ferris, T. (Ed.) (1991). *The world treasury of physics, astronomy, and aathematics*. Little-Brown.

Gleick, J. (2011). *The information: A history, a theory, a flood*. Pantheon Books.

Hartley, R. (1928). Transmission of information. *Bell System Technical Journal, 7*(3), 535-563.

Hawking, S. (Ed.) (2011). *The dreams that stuff is made of*. Running Press.

Johnson, E. (2018). *Anxiety and the equation*. MIT Press.

Kenrick, W. (1770). *An account of the automaton constructed by Orffyreus*. Google Books.

Kuhn, T. (1978). *Black body theory and the quantum discontinuity*. The University of Chicago Press.

Kuhn, T. (2016). *La tensión esencial*. Fondo de Cultura Económica.

Lindley, D. (2001). *Boltzmann's atom: the great debate that launched a revolution in physics*. The Free Press.

Motz, L., Hane Weaver, J. (1992). *The story of physics*. Avon.

Muirhead, J. P. (1858). *The life of James Watt with selections from his correspondence*. John Murray. Google Books.

Planck, M. (1990). *Scientific autobiography*. En *Great Books of the Western World* (Vol. 56). University of Chicago Press.

Porterfield, W. W., Kruse, W. (1995). Loschmidt and the discovery of the small. *Journal of Chemical Education, 72*(10), 870-875..

Sandfort, J. F. (1962). *Heat engines: Thermodynamics in theory and practice*. Anchor Books.

Schaffer, S. (1995). The show that never ends: perpetual motion in the early eighteenth century. *The British Journal for the History of Science, 28*(2), 157-189.

Shannon, C. (1948). A mathemactical theory of communication. *Bell System Technical Journal, 27,* 379-423.

Soni, J. y Rob Goodman (2017). *A mind at play.* Simon and Schuster.

Styer, D. (2000). Insight into entropy. *American Journal of Physics, 68*(12), 1090-1096.